Gefühle
@work

Gefühle
@work

Wie emotionale Kompetenz
Unternehmen transformieren kann

Vivian Dittmar

Sollte diese Publikation Links auf Webseiten Dritter enthalten, so übernehmen wir für deren Inhalte keine Haftung, da wir uns diese nicht zu eigen machen, sondern lediglich auf deren Stand zum Zeitpunkt der Erstveröffentlichung verweisen.

Bibliographische Information der Deutschen Bibliothek
Die Deutsche Bibliothek verzeichnet diese Publikation in der Deutschen Nationalbibliographie; detaillierte bibliographische Daten sind im Internet über http://www.dnb.de/ abrufbar.

edition est, Vivian Dittmar, München, verlag@viviandittmar.net
Lektorat: Chiara Jana Greber, Barbara Stützel
Layout und Satz: BUCHFLINK Rüdiger Wagner, Nördlingen
Autorenfoto: Axel Hebenstreit, Lichtseelen.com
Druck: Umweltdruckerei Lokay

Printed in Germany

ISBN 978-3-940773-55-5

Inhaltsverzeichnis

Teil IV
Wie emotionale Kompetenz transformiert

Ressourcen

Einleitung

Gefühle am Arbeitsplatz gelten in vielen Unternehmen immer noch als Tabu, werden als Gefühlsduselei oder schlicht als reine Privatangelegenheit abgetan. Dabei ist längst bekannt, dass die emotionale Kompetenz von Mitarbeitern und Führungskräften ausschlaggebend für ihre Kooperationsfähigkeit und damit für ihren Erfolg ist. Das zeigen zum einen Untersuchungen zu diesem Thema, zum anderen der Arbeitsalltag in Unternehmen jeder Größe.[1] Egal ob Dienstleistungsunternehmen oder Industriebetrieb, ob junges Start-up oder traditionsreiches Familienunternehmen, ob aktiennotierter Börsenkonzern oder engagiertes Non-Profit-Unternehmen: Überall sind Menschen gefordert zusammenzuarbeiten, und dabei kommen früher oder später Gefühle ins Spiel, ob es uns gefällt oder nicht. Menschen werden wütend, wenn etwas schiefläuft, sie haben Angst vor Veränderung, sie sind traurig, wenn sie Verluste erleiden, und sie schämen sich, wenn sie Fehler machen. Ja, und natürlich freuen sie sich auch, wenn etwas gut läuft. Das ist natürlich und macht uns menschlich.

Die Unfähigkeit, angemessen mit diesen Gefühlen umzugehen, kann jedoch verheerende Auswirkungen haben.

Fast schlimmer als offene Wutausbrüche oder unreifes Beleidigtsein sind die endlosen pseudorationalen Argumentationsschleifen, die in Unternehmen gedreht werden, in denen Emotionalität einfach nicht sein darf. Die Idee, dass alles gut würde, wenn die Mitarbeiter und Führungskräfte ihren Gefühlshaushalt mit Eintritt ins Firmengebäude auf Standby stellen würden, zeigt sich hier von seiner schlimmsten Seite: Da alles rational begründet werden muss, werden persönliche Beweggründe in rationale Argumente verkleidet. Auf dieser Ebene können sie jedoch nicht ausgeräumt werden, da ihr eigentlicher Ursprung auf einer anderen Ebene liegt. Diese andere Ebene, die emotionale, vernebelt den Blick auf das Wesentliche. Dann wird sie tatsächlich zu einem Hindernis, obwohl ihre eigentliche Aufgabe wäre, uns bei Entscheidungsprozessen und in Beziehungen zu unterstützen.

Doch das ist nur die Spitze des Eisbergs, wenn es um Gefühle am Arbeitsplatz geht. Wenn Menschen mit ihren Gefühlen in Kontakt sind, sind sie mit sich selbst in Kontakt – mit ihren Bedürfnisse, ihren Werten, ihrem Gespür für Stimmigkeit und Echtheit, mit ihrer Intuition. Wenn Gefühle ausgeblendet werden, wird die gesamte innere Dimension des Menschen ausgeblendet, die nicht rein der Ratio zuzuordnen ist. Und genau diese Dimension unterscheidet uns von Maschinen und von der künstlichen Intelligenz, die in allen Bereichen auf dem Vormarsch ist. Mit anderen Worten: Eine riesige

Dimension menschlicher Intelligenz ist uns über das Fühlen zugänglich, und zwar nur über das Fühlen.

Die beiden bisher angesprochenen Aspekte Effizienzverlust durch Konfliktunfähigkeit und das Abschneiden der Mitarbeiter von ihrem vollen Potenzial sind nur Symptome eines dahinterliegenden Themas. Tatsächlich ist es so, dass Unternehmen und Organisationen derzeit tiefen Wandlungsprozessen unterworfen sind. Alte, mechanistisch-hierarchisch geprägte Organisationsmodelle geraten an ihre Grenzen. An ihre Stelle treten zunehmend intelligente, lernende, autopoetische Systeme, die eher Ökosystemen als Maschinen ähneln.

Manche Unternehmen sind in diesem Prozess schon sehr weit fortgeschritten oder sind von vornherein so entstanden. In anderen macht sich diese Veränderung erst vereinzelt bemerkbar. Dies kann in negativer Form geschehen, wie etwa durch Konflikte in Abläufen, die früher reibungslos verlaufen wären, oder durch wachsende Unzufriedenheit mit Konstellationen, die bis vor Kurzem völlig normal erschienen. Es kann sich aber auch positiv zeigen, zum Beispiel durch zunehmende Kooperationsbereitschaft, Abflachung von Hierarchien, erhöhte intrinsische Motivation, Abbau von Kontrollmechanismen und Potenzialentfaltung, die ebenfalls früher in dieser Form nicht denkbar gewesen wären.

Intelligente, autopoetische Systeme sind lebendige Systeme. Lebendige Systeme bestehen aus lebendigen Zellen. Im Fall eines Unternehmens oder einer Organisation sind diese Zellen die Mitarbeiter. Damit diese nach dem Vorbild eines lebendigen Systems zusammenarbeiten können, müssen sie sich selbst und einander ihre volle Lebendigkeit zugestehen. Gefühle als Kräfte sind ein wichtiger Ausdruck unserer Lebendigkeit und ganzheitlicher, wacher Intelligenz.

Doch gerade weil emotionale Kompetenzen so schwer quantifizierbar und daher auch kaum messbar sind, konzentriert die Bildung sich weiterhin vorrangig auf die Entwicklung intellektueller Fertigkeiten. Die Defizite in der emotionalen und sozialen Kompetenz, die hierbei entstehen, müssen entweder in Eigenregie entwickelt oder in kostspieligen Trainings nachgerüstet werden.

Ich habe in den letzten Jahren mehrere Hundert Menschen in Wirtschaftsunternehmen durch Prozesse begleitet, in deren Mittelpunkt die Entwicklung der emotionalen Kompetenz steht. Hierbei habe ich festgestellt, dass es vielfach an den grundlegendsten Informationen über Gefühle und Emotionen fehlt. Dieses Defizit führt dazu, dass diese ein zweifelhaftes Schattendasein in den Köpfen der Mitarbeiter und damit in den Besprechungsräumen moderner Unternehmen führen. Vor allem in schwierigen Situationen spielen Emotionen eine unheilvolle Rolle. Und gerade dann versagen die gängigen Konfliktmuster komplett. Das ist nicht nur teuer, denn die emotionalen Dramen werden ja auch noch bezahlt, es vergiftet die Atmosphäre und kann wichtige Projekte oder sogar das ganze Unternehmen gefährden.

Dieses Buch möchte grundlegendes Wissen zum Thema „Gefühle“ und „emotionale Kompetenz“ in kompakter Form zur Verfügung stellen, um der Entwicklung dieser Kompetenz auch im professionellen Kontext eine solide Grundlage zu bieten. Zwar sind Gefühle und Emotionen nicht Kopfsache, doch sie sind stark von unserem Denken beeinflusst. Wenn wir die Funktion von Gefühlen verstanden haben, können wir unsere emotionale Selbststeuerung erheblich verbessern. Deshalb steht für mich zunächst emotionale Aufklärungsarbeit im Vordergrund. Grundlegende Fragen müssen geklärt werden. Was ist ein Gefühl? Wozu ist es da, und wie entsteht es? Wie kann es reguliert werden, und warum lassen sich manche Gefühle so viel schlechter regulieren als andere? Wie können wir gut mit diesen Gefühlsregungen umgehen?

Mir geht es hierbei nicht darum, Reibung in herkömmlichen Unternehmen zu reduzieren, um die bestehenden Prozesse noch effizienter zu gestalten. Mir geht es darum, Mitarbeiter und Führungskräfte wieder mit ihrer emotionalen Intelligenz zu verbinden und sie dadurch als Initiatoren von dringend anstehenden Transformationsprozessen in Unternehmen zu befähigen. Wir leben in einer Zeit nie da gewesener Herausforderungen. Ein Wirtschaftssystem, das auf unbegrenztes Wachstum ausgelegt ist, stößt zunehmend an die Grenzen eines Planeten, der mit diesem Wachstum nicht mithalten kann und vielleicht auch nicht möchte. Unsere Messsysteme für Erfolg – wie das Bruttoinlandsprodukt, der DAX, die Unternehmensbilanz – liefern ein verzerrtes Bild von den Auswirkungen unseres Tuns. Zerstörerische Prozesse wie Krieg, Epidemien und Umweltverschmutzung werden in diesen Messsystemen als Erfolge verbucht, während lebenserhaltende Maßnahmen wie der Schutz des Regenwalds, das Hüten von Kindern oder die Integration von Randgruppen negativ zu Buche schlagen.

Und mittendrin steckt der Mensch, Treiber und Getriebener eines Systems, das längst am Menschen vorbeiarbeitet, in dem weite Teile des Menschseins ausgeblendet werden müssen, damit es überhaupt funktionieren kann. Die Entwicklung emotionaler Kompetenz ist in meinen Augen ein Schlüssel, um hier eine neue Richtung einzuschlagen und Unternehmen so auszurichten, dass sie Teil der Lösung statt Teil des Problems sind. Denn auch wenn das soeben von mir skizzierte Bild sehr negativ ist: Wir leben nicht nur in einer Zeit nie da gewesener Herausforderungen, sondern auch in einer Zeit ebenso großer Chancen. Unternehmen haben hier eine wichtige Aufgabe. Wenn sie sich wieder auf ihren eigentlichen Auftrag besinnen, zum Gemeinwohl beizutragen, dann kommt ihnen eine Schlüsselrolle dabei zu, auf der Basis unserer bisherigen Errungenschaften eine zukunftsfähige Zivilisation entstehen zu lassen.

Die Entwicklung emotionaler Kompetenz ist ein möglicher Startpunkt für diesen Prozess der Neuausrichtung.

In Teil I beginnen wir mit der Frage, was emotionale Intelligenz und Kompetenz eigentlich sind. Auf dieser Grundlage stelle ich dann in Teil II und III die verschiedenen Aspekte meines Kompetenzmodells dar: den Gefühlskompass mit den fünf Grundgefühlen, die Unterscheidung von Emotion und Gefühl sowie den Umgang mit beidem im professionellen Kontext. Im vierten und letzten Teil des Buches kehre ich zu der Frage zurück, welche Rolle die Entwicklung der skizzierten Kompetenzen in Schlüsselbereichen moderner Unternehmen spielt: im Team, in der Führung, bei der Nutzung kollektiver Intelligenz und bei der Transformation von Unternehmen zu lebendigen Systemen.

Teil I

Emotionale Intelligenz verstehen

1 | Was ist emotionale Intelligenz?

Der Begriff emotionale Intelligenz ist heute in aller Munde, was jedoch nicht bedeutet, dass wir genau wissen, was damit gemeint ist. Zuweilen scheint mir, dass wir zwar inzwischen eine Art Konsens über die Relevanz emotionaler Intelligenz haben, ohne jedoch genau zu wissen, worum es sich handelt. „Irgendwas mit Gefühlen halt und dass die auch wichtig sind“ – so und ähnlich lauten die wenig präzisen Antworten, die ich von meinen Trainingsteilnehmern erhalte, wenn ich sie danach frage. Unsere Vorstellung von emotionaler Intelligenz ist also ähnlich diffus wie jene von Gefühlen und Emotionen.

Diese Verwirrung liegt nicht zuletzt in der Geschichte des Begriffs begründet. Dieser wurde Mitte der Neunzigerjahre durch den gleichnamigen Bestseller von Wissenschaftsjournalist Daniel Goleman international bekannt. Das TIME Magazin widmete dem Thema gleich eine Titelseite und hinterfragte grundlegend, was es bedeutet, klug zu sein. Und genau das war auch Golemans größtes Verdienst: Ihm gelang es, unsere Vorstellung dessen, was Intelligenz ist, grundlegend zu erschüttern. Vor seinem Buch hielten die meisten

Menschen Intelligenz für eine strikt rationale Angelegenheit. Dem Erfolg seines Buches haben wir es zu verdanken, dass die Assoziation von Intelligenz mit so etwas Irrationalem und schwer Greifbarem wie Emotionalität überhaupt salonfähig ist.

Doch der durchschlagende Erfolg des Buches brachte auch Probleme mit sich. Goleman definierte emotionale Intelligenz als eine Kombination aus Selbstbewusstsein, Selbstregulierung, innerer Motivation, Empathie und sozialen Fertigkeiten.[2] Was die wenigsten wissen: Goleman selbst hatte das Konzept der emotionalen Intelligenz von zwei anderen Wissenschaftlern geliehen – mit deren Erlaubnis, versteht sich. Peter Salovey von der University of Massachusetts und John Mayer, Präsident der Yale University, hatten den Begriff zwei Jahre zuvor geprägt und eine erste Definition vorgelegt.

Das Problem an der Sache war: Die Definition von Mayer und Salovey unterschied sich maßgeblich von jener, die Goleman in seinem Buch vorstellte. Die beiden Wissenschaftler hatten sich im Gegensatz zu Goleman in ihrer Definition auf einige wenige, klar eingrenzbare Eigenschaften beschränkt. Goleman wurde im Nachhinein von wissenschaftlicher Seite scharf kritisiert. Er habe den Begriff der emotionalen Intelligenz bis zur Unkenntlichkeit verwässert, hieß es, indem er ihm nahezu alle wichtigen Kompetenzen zugeschrieben habe, die nicht klar der Ratio zuzuordnen seien.[3]

Und tatsächlich: Wenn emotionale Intelligenz alles von Selbstbewusstsein über Motivation bis hin zu sozialen Fertigkeiten beinhalten soll, wirft dies die Frage auf, was darunter genau zu verstehen ist. Der Begriff wird schwammig – und genau das ist er bis heute in den Köpfen vieler Menschen geblieben. Auch ich möchte mich an dieser Stelle von Golemans Definition distanzieren und einen frischen, differenzierteren Blick auf das Thema werfen.

Gehen wir doch noch einmal einen Moment zurück zu Salovey und Mayer – was war ihre Definition? Sie beschrieben vier Grundfertigkeiten, die sie der emotionalen Intelligenz zuordnen[4]:

Vier Grundfertigkeiten emotionaler Intelligenz laut Salovey & Mayer:

1. Emotionen identifizieren
2. Emotionen einsetzen
3. Emotionen verstehen
4. Emotionen steuern

Bei ihnen steht eindeutig das Zusammenspiel zwischen Ratio und Emotionalität, zwischen Kopf und Bauch, im Vordergrund. Ihr Anliegen war es, vor allem den alten Mythos eines Widerspruchs zwischen Ratio und Emotionalität zu hinterfragen und stattdessen aufzuzeigen, dass beides einander beeinflusst und idealerweise befruchtet. Wenn Letzteres der Fall ist, können wir von emotionaler Intelligenz sprechen – um es ganz vereinfacht auszudrücken.

In streng wissenschaftlicher Manier waren die beiden auch sehr vorsichtig in der Formulierung ihrer

These. Die ursprüngliche Idee kam ihnen im Sommer 1987 bei einer denkwürdig unakademischen Tätigkeit: Mayer half Salovey, sein neues Wohnzimmer zu streichen. Mayer witzelte später, dass die Idee womöglich auf die Dämpfe in den Farben zurückzuführen sei.[5] Sie stellten noch Jahr später die Existenz emotionaler Intelligenz infrage.

Viele Wissenschaftler tun das bis heute, eben weil sie so schwer messbar ist und weil dies die grundlegende Frage aufwirft, was Intelligenz überhaupt ist, wenn wir sie von der Ratio ablösen. Eine Frage, die bislang genauso wenig geklärt ist, wie jene nach einer allgemeingültigen Definition emotionaler Intelligenz. Viele Akademiker und auch Praktiker sprechen daher lieber von emotionaler Kompetenz, womit sie klarstellen, dass es hier vordergründig um Fähigkeiten geht. Die Frage, ob diese Fähigkeiten einer eigenen zugrundeliegenden Intelligenz zuzuordnen sind oder nicht, umgehen sie damit geschickt.

Ich bin keine Wissenschaftlerin und verfolge in meiner Arbeit auch explizit keine akademischen, sondern rein praktische Ziele. In Anlehnung an das Motto „Wer heilt, hat recht" fühle ich mich den Praktikern in Unternehmen sehr verbunden: Was in der Praxis funktioniert, wird übernommen. Ich kann den akademischen Streit, der sich um den Begriff Intelligenz einerseits und um die empirische Beweisbarkeit emotionaler Intelligenz andererseits entfacht hat, gut bei den Akademikern belassen. Mir war es lediglich ein Anliegen, ihn hier kurz aufzufächern, um den Mythos einer allgemeingültigen Definition von emotionaler Intelligenz zu entkräften, bevor ich meine eigene Definition vorstelle. Diese ist an die Definition von Salovey und Mayer anschlussfähig, trifft jedoch einige zusätzliche Unterscheidungen – wie etwa jene zwischen Gefühl, Emotion und biologischer Programmierung –, die sich für mich in der Praxis als unerlässlich erwiesen haben. Erst diese Differenzierungen geben uns ein wirklichkeitsnahes Bild davon, wie Gedanken Gefühle beeinflussen und umgekehrt.

Ausgehend von dem Modell von Salovey und Mayer, werde ich hier mein eigenes, präzisiertes Modell vorstellen. Dieses entwickelte sich zwar in völliger Unkenntnis des Salovey-Mayer-Modells, kann jedoch gut in dessen Kontext dargestellt werden. Im Folgenden gehe ich die vier emotionalen Fertigkeiten des Salovey-Mayer-Modells durch, erkläre, was die beiden darunter verstanden haben, und ergänze dies durch meine Erkenntnisse.

1. Emotionen identifizieren

Hierunter wird bei Salovey und Mayer die Fähigkeit verstanden, sowohl die eigenen Emotionen als auch die anderer Menschen wahrzunehmen und richtig zu deuten. Die beiden Wissenschaftler betonen hier neben der präzisen Selbstwahrnehmung vor allem den Aspekt der „Emotional Literacy" – also die Fähigkeit, Gesichtsausdruck, Gestik und Körpersprache anderer Menschen richtig zu deuten.

Ich möchte dem die Empathiefähigkeit hinzufügen, die in meinem Verständnis über die reine Auslegung von Gestik und Mimik hinausgeht und ein echtes Mitfühlen des Erlebens anderer Menschen beinhaltet. Echtes Mitfühlen bedeutet Anteilnahme, ist also ein emotionaler Vorgang und kein intellektueller. Außerdem möchte ich die Unterscheidung von Emotion und Gefühl bei uns selbst und anderen als Schlüsselkompetenz ergänzen, wobei ich Emotion als ein nicht gefühltes Gefühl aus der Vergangenheit bezeichne, während ein Gefühl direkt aus der Gegenwart entsteht. Wie ich zu dieser Unterscheidung komme und warum sie wichtig ist, werde ich später noch genauer thematisieren.

2. Emotionen einsetzen

Salovey und Mayer verstehen unter dem Einsatz von Emotionen die Fähigkeit, jene Informationen, die unsere Gefühlslage uns gibt, für unsere Denkprozesse zu nutzen. Mir ist diese Definition zu eng gefasst und zu wenig präzise. In meinem Verständnis bedeutet, Gefühle einzusetzen, das passende Gefühl zur jeweiligen Situation zu erzeugen (siehe Punkt 4) und dann auch parat zu haben. Konkret bedeutet dies, wütend zu sein, wenn es Entschlusskraft, Durchsetzungsvermögen und Standhaftigkeit braucht, oder traurig zu sein, wenn Annahme ungeliebter Tatsachen gefragt ist, um nur zwei Beispiele zu nennen. Ich werde im Kapitel über den Gefühlskompass noch viel differenzierter auf dieses Thema eingehen.

3. Emotionen verstehen

Bei Salovey und Mayer bedeutet, Emotionen zu verstehen, vor allem, die emotionalen Auswirkungen von Ereignissen oder Handlungen vorhersagen zu können. Dies ermöglicht es uns, die emotionale Komponente in unsere Entscheidungen mit einfließen zu lassen. Analog zu Punkt 1 oben möchte ich auch hier gern ergänzen.

Emotionen verstehen bedeutet für mich erstens, den Unterschied zwischen verschiedenen Arten von Empfindungen zu verstehen. Ich unterscheide hierbei fünf Arten von Empfindungen: körperliche Empfindungen, biologische Programmierungen, Gefühle, Emotionen und Fähigkeiten oder Bewusstseinszustände. Auch auf diese Unterscheidung werde ich später noch genauer eingehen. Zweitens bedeutet es jedoch auch, die genaue Funktion jedes der fünf Grundgefühle zu kennen, was die Voraussetzung für ein angemessenes Steuern (siehe Punkt 4) und Einsetzen (siehe Punkt 2) ist.

4. Emotionen steuern

Bei Salovey und Mayer bedeutet, Emotionen zu steuern, vor allem die Fähigkeit, überwältigende Emotionen auszublenden, jene zuzulassen, die wertvolle Informationen enthalten, und im Bereich des individuell Möglichen auch zu regulieren. Ich möchte auch hier dahingehend präzisieren, dass die Erzeugung des richtigen Gefühls zur richtigen Zeit in angemessener Intensität zentraler Bestandteil emotionaler Steuerung sein muss. Es geht also nicht nur um die Fähigkeit, Intensität zu regulieren, sondern auch, bewusst von Wut zum Beispiel in Trauer, Angst oder Scham wechseln zu können, wenn eine Situation dies erfordert. Das ist deshalb wichtig, weil jedes Gefühl eine ganz eigene Qualität und Funktion hat, was später noch Thema sein wird.

Was den Bereich der Emotionen – so wie ich den Begriff verwende – betrifft, spielt in meinem Verständnis die Fähigkeit, bewusst zu entladen und andere dabei zu unterstützen, eine zentrale Rolle bei der Steuerung von Emotionen.

Emotionale Kompetenz ist die Fähigkeit …

1. die eigenen Gefühle wahrzunehmen.
2. die Gefühle anderer zu erkennen und mitzufühlen.
3. eigene Gefühle bewusst zu erzeugen und zu steuern, sodass sie der jeweiligen Situation angepasst werden können.
4. Emotionen und Gefühle bei sich selbst und anderen zu unterscheiden.
5. emotionale Altlasten achtsam zu entladen, ohne dass wir selbst oder andere dabei zu Schaden kommen.
6. andere dabei zu unterstützen, ihre emotionalen Altlasten entsprechend zu entladen.

Nachdem ich nun die Grunddefinition emotionaler Intelligenz von Salovey und Mayer mit meinen Anmerkungen ergänzt habe, habe ich im Kasten meine Definition emotionaler Kompetenz noch einmal in sechs Punkten zusammengefasst dargestellt. Die Entwicklung dieser sechs Kompetenzen steht im Mittelpunkt meiner Arbeit als Trainerin und Beraterin, weshalb auch der Großteil dieses Buches ihnen gewidmet ist. Doch bevor ich mit Ihnen in die Welt der Gefühle eintauche, möchte ich noch einmal einen Schritt zurück machen und einen beherzten Blick auf die Frage werfen, warum wir das eigentlich tun. Geht es bei emotionaler Kompetenz wirklich nur um ein weiteres Führungsinstrument, oder steckt mehr dahinter?

Reflexionsfragen

1. Wie definieren Sie persönlich emotionale Kompetenz?
2. Ohne es genauer begründen zu müssen, wie hoch würden Sie Ihre emotionale Kompetenz auf einer Skala von eins bis zehn einstufen? (Eins: kaum vorhanden, zehn: kein Verbesserungspotenzial.)
3. Für Mutige: Fragen Sie Menschen Ihres Vertrauens aus Ihrem beruflichen und privaten Umfeld nach deren intuitiver Einstufung Ihrer emotionalen Kompetenz.
4. Wem aus Ihrem beruflichen Umfeld würden Sie eine sehr hohe emotionale Kompetenz zuschreiben und warum?
5. Wem aus Ihrem privaten Umfeld würden Sie eine hohe emotionale Kompetenz zuschreiben und warum?

2 | Die Schrauben im Gehirn

Emotionale Kompetenz hat Konjunktur. Oft wird Managern und Führungskräften hier ein weiteres Werkzeug versprochen, um Mitarbeiter nach ihren Vorstellungen zu beeinflussen. Besonders plakativ begegnete mir diese Haltung im Ausschreibungstext eines Kollegen, der bei einer Veranstaltung über emotionale Kompetenz in Unternehmen genau wie ich einen Vortrag hielt. Mit seinem Wissen, hieß es in der Broschüre, könnten Führungskräfte „an den ‚Schrauben' im Gehirn drehen, um Motivation und Handlungen in die gewünschte Richtung zu lenken".

Die Nutzung psychologischer Erkenntnisse für die Manipulation der Menschen ist fast so alt wie die moderne Psychologie. Besonders beeindruckend und erschreckend ist in diesem Zusammenhang die Arbeit von Edward Barnays, dem Neffen von Sigmund Freud, der virtuos auf der unbewussten Bedürfnisklaviatur der Massen zu spielen wusste und so die moderne PR begründete. Ihm haben wir es beispielsweise zu verdanken, dass Rauchen bei Frauen lang als Zeichen der Emanzipation galt: Er inszenierte im Auftrag der Zigarettenindustrie einen fingierten Protestmarsch mit rauchenden Frauen. Auch die Nationalsozialisten nutzten die Erkenntnisse des Juden Sigmund Freud, um Juden in den Augen der Restbevölkerung zu diffamieren. So gesehen, ist es nahe liegend, auch jüngere Errungenschaften der Psychologie, wie die Emotionsforschung und die Erkenntnisse über emotionale Intelligenz, auf ihr Missbrauchspotenzial abzuklopfen.

In diesem Zusammenhang ist auch der akademische Disput zwischen Salovey, Meyer und Goleman alles andere als trivial: Goleman brachte den Begriff emotionale Intelligenz explizit mit ethischem Handeln in Verbindung, was Salovey und Mayer jedoch ablehnten. Sie vertreten die Meinung, dass emotionale Intelligenz unabhängig von der Ethik und den Werten eines Menschen ausgebildet und somit auch missbraucht werden könnte. Golemans Buch hingegen erweckte den Eindruck, dass ein emotional intelligenter Mensch auch ein im ethischen Sinn guter Mensch sei.

Wenn wir emotionale Intelligenz wie Salovey und Mayer als das Zusammenspiel von Ratio und Emotionen sehen, ist sie, wie die rationale Intelligenz auch, als amoralisch zu betrachten. Die Geschichte hat gezeigt, dass ein hoher IQ nicht immer mit ethischem Empfinden einhergeht. Genauso wenig wie die Fähigkeit, die Emotionen der Menschen zu lesen und diese zu steuern.

Eines der bekanntesten Beispiele ist Adolf Hitler, der mit den Emotionen der Massen spielte und diese gezielt instrumentalisierte. Ohne diese Fähigkeit wäre ihm die

Verführung eines ganzen Volkes wohl kaum gelungen. Dennoch ist der Gedanke, dass Adolf Hitler über eine gewisse emotionale Intelligenz verfügt haben könnte, zugegebenermaßen gruselig. Er macht Angst, denn Gefühle sind so eng mit unserer Menschlichkeit verknüpft, und nur zu gern grenzen wir uns von Verbrechern ab, indem wir sie als „herzlos“ oder „gefühlskalt“ abstempeln. Doch emotionale Intelligenz ist eben mehr als viele Gefühle haben. Sie bedeutet auch, dass wir Gefühle erkennen und steuern können.

Heute trainieren Manager und Mitarbeiter in Trainings ihre emotionale Kompetenz, denn längst ist bekannt, dass diese ausschlaggebend für den Erfolg eines Menschen ist. Auch liegt auf der Hand, dass diese Investitionen sich für Unternehmen rechnen. Emotional kompetente Mitarbeiter kooperieren besser, emotional kompetente Führungskräfte führen besser, emotional kompetenten Teams gelingt es besser, ihre Fähigkeiten zusammenzufügen, und Unternehmen mit einer emotional kompetenten Kultur sind Orte, an denen Menschen gern arbeiten. So weit, so gut. Doch emotional kompetente Manager und Unternehmer sind eben auch die besseren Verführer. Sie können Mitarbeiter dazu bringen, über ihre eigenen Grenzen zu gehen, sich selbst noch effektiver auszubeuten und Dinge zu tun, die eigentlich mit den eigenen Werten nicht vereinbar sind.

Um es geradeheraus zu sagen: Ich halte nicht viel davon, emotionale Kompetenz zu schulen, um noch effektiver das zu tun, was ohnehin problematisch ist. Wir müssen uns fragen, warum wir die Dinge tun, und nicht nur betrachten, wie wir sie tun. Ohne die Auseinandersetzung mit diesen letztlich ethischen Kernfragen ist die Entwicklung emotionaler Kompetenz in einem Unternehmen mit anderen effizienzsteigernden Maßnahmen vergleichbar: Sie befähigen uns, das, was wir tun, immer schneller und besser, mit sinkenden Reibungsverlusten zu tun. Doch wenn wir, so wie die moderne Wirtschaft, mit Höchstgeschwindigkeit auf ein Problem zurasen, wird es diese Reise lediglich beschleunigen, statt einen entscheidenden Richtungswechsel einzuläuten.

In meinem Verständnis liegt der wirkliche Mehrwert bei der Entwicklung emotionaler Kompetenz nicht in der Minimierung von Reibungsverlusten und den damit einhergehenden Effizienzsteigerungen. Er liegt noch nicht einmal in dem verbesserten Arbeitsklima, das mit einer emotional kompetenten Unternehmenskultur einhergeht. Der wirkliche Mehrwert liegt in der Chance, wieder als ganze Menschen zu arbeiten, unseren Tätigkeiten mit Herz und Verstand nachzugehen und sie dadurch wieder mit Sinn zu erfüllen.

Ganz konkret bedeutet das, dass es um Werte geht. Und hier spreche ich nicht von den obligatorischen Unternehmenswerten, die jede Firma sich inzwischen zugelegt hat, die vielleicht auch irgendwo nett in Szene gesetzt werden und genau wie das eine oder andere moderne Kunstwerk im Empfangsbereich das Image heben sollen. Ich spreche von gefühlten Werten, davon, was die Menschen in einem Unternehmen im Innersten antreibt und zusammenhält, wofür sie Montagmorgen aufstehen und zur Arbeit gehen. Es geht um gelebte Werte, auf denen das unternehmerische Tun aufbaut, an denen jede Entscheidung gemessen wird und die eine Grundlage für das geben, was für eine authentisch emotional kompetente Kultur unerlässlich ist: Vertrauen.

Mein Anliegen mit diesem Buch ist es also nicht, Ihnen effektive Werkzeuge an die Hand zu geben, um Ihre Mitarbeiter noch geschickter nach Ihren Vorstellungen zu beeinflussen. Ich möchte Sie darin begleiten, Ihre eigenen Gefühle als wertvolle Ressource zu entdecken, und ich möchte Sie ermutigen, sich mit Ihrem Team oder Ihrem ganzen Unternehmen auf den Weg in eine emotional kompetente Vertrauenskultur zu machen. Eine solche Kultur ermöglicht es Ihnen, Ihren Kollegen und Mitarbeitern, sich als ganze Menschen einzubringen, mit Herz und Verstand. Diese in modernen Unternehmen und vor allem in Konzernen oft verloren gegangene Verbindung birgt den Schlüssel für eine dringend überfällige Neuausrichtung unserer Wirtschaft: von einem lebensfeindlichen zu einem lebensbejahenden System.

Meine Vision ist es, eine wachsende Zahl von Unternehmen zu sehen, die sich selbst als Teil der Lösung statt als Teil des Problems begreifen. Die Sehnsucht danach ist schon heute in den Herzen vieler Unternehmer, Führungskräfte und Mitarbeiter vorhanden. Doch oft fehlt es an Ideen, an Vorbildern oder schlicht an Mut, um dieser Sehnsucht auch konsequent nachzugehen.

Folgendes Zitat von Beraterin und Autorin Margaret Wheatley fasst das Dilemma heutiger Führungskräfte sehr gut zusammen: „Wir wollen, dass Organisationen anpassungsfähig, flexibel, selbststeuernd, widerstandsfähig, lernend, intelligent sind – Merkmale, die nur in lebendigen Systemen zu finden sind. Die Spannung unserer Zeit ist, dass wir Organisationen wollen, die sich wie lebendige Systeme verhalten, wir sie jedoch nur als Maschinen zu behandeln wissen." Die Konsequenz dieser Erkenntnis oder dieses Dilemmas ist für mich, dass wir nur dann den Wandel zu lebendigen Systemen vollziehen können, wenn wir es wieder wagen, selbst als lebendige Systeme, also als ganze Menschen, in Erscheinung zu treten. Das erfordert Mut und ist zunächst alles andere als angenehm. Es bedeutet, die vertrauten, eingetretenen Pfade zu verlassen, in denen alles in vorhersagbaren Bahnen verlief, und uns dem Ungewissen zu stellen. Es bedeutet, die Grenzen dessen anzuerkennen, was wir wissen, und alles infrage zu stellen, was wir zu wissen glauben. Es bedeutet, empfänglich zu werden für die ganz großen Fragen unternehmerischen Handelns: Was bedeutet Erfolg für uns? Warum tun wir, was wir tun? Was ist der wirkliche Sinn unseres Tuns? Wo leisten wir einen Beitrag?

Führungskräfte sind hierbei gefordert, den ersten Schritt zu tun und Vertrauen zu schaffen, indem sie wahrhaftig gefühlte Werte glaubhaft in den Mittelpunkt ihres Tuns stellen. Emotionale Kompetenz als Manipulationsstrategien zu missbrauchen hat hier keinen Platz, es wäre lediglich eine Fortsetzung des alten Paradigmas mit all seinen unerwünschten Begleiterscheinungen.

In den letzten beiden Kapiteln dieses Buches werde ich dieses wichtige Thema erneut aufgreifen und konkretisieren, was die in diesem Buch dargelegten Erkenntnisse im Hinblick auf Teamentwicklung, Führung und die Nutzung kollektiver Intelligenz bedeuten. Doch bevor wir uns diesen wichtigen Fragen zuwenden, möchte ich mit Ihnen ganz in die Welt der Gefühle eintauchen. Keine Sorge, es wird weder sentimental noch schwammig, ganz im Gegenteil. Unser Verstand ist bei der Reise in unsere Gefühlswelt erfahrungsgemäß unser wichtigster Verbündeter. Er regelt, welche Gefühle zugelassen oder unterdrückt werden, welche erzeugt oder vernachlässigt werden. Wenn wir verstehen, was sich in uns und anderen emotional abspielt, können wir besser damit umgehen.

Die folgenden Kapitel stellen daher das Kompetenzmodell dar, mit dem ich seit Jahren mit Menschen aus allen Lebensbereichen arbeite und das schon vielen Tausend Lesern dabei geholfen hat, ihre Gefühle nicht nur zu verstehen, sondern auch gezielter zu steuern.

Reflexionsfragen

1. Was erhoffen Sie sich von der Verbesserung Ihrer emotionalen Kompetenz?
2. Wo haben Sie die positive Nutzung emotionaler Kompetenz in Ihrem Arbeitsalltag schon erlebt? Wie haben Sie sich in der Situation gefühlt?
3. Wo haben Sie emotionale Kompetenz als Machtinstrument missbraucht erlebt? Wie haben Sie sich in der Situation gefühlt?

3 | Gefühl vs. Emotion

Wie in Kapitel 1 bereits deutlich geworden ist, begeben wir uns, wenn es um Gefühle geht, auf unsicheres Terrain, und zwar nicht nur emotional, sondern offenbar auch intellektuell und akademisch. So ging es mir auch, als ich anfing, mich mit dem Thema zu beschäftigen. Selbst die Wissenschaft hat lang einen großen Bogen um die Emotionsforschung gemacht, da das Gebiet vielen Wissenschaftlern einfach zu schwammig war und sie um ihre Reputation bangten.

Zu meiner Überraschung entdeckte ich jedoch, sobald ich mich näher damit befasste, eine klare Systematik im Bereich der Gefühle. Diese möchte ich hier kurz vorstellen, um zumindest in diesem Buch weiteren Verwirrungen vorzubeugen. Diese Systematik bildet die Grundlage meiner Arbeit mit emotionaler Kompetenz und hat sich im alltäglichen Umgang mit Gefühlen, Emotionen und anderen Empfindungen als sehr nützlich erwie-

Fünf Arten von Empfindungen

1. Körperliche Empfindungen
2. Biologische Programmierungen
3. Gefühle als soziale Kräfte
4. Emotionen
5. Fähigkeiten oder Zustände

sen. Hierbei unterscheide ich fünf Arten von Empfindungen, die im Kasten auf Seite 34 aufgelistet sind.

Bevor ich eine kurze Definition jeder Art von Empfindung gebe, möchte ich betonen, dass es derzeit keine allgemeingültige Definition oder einheitliche Verwendung dieser Begriffe gibt. Das bedeutet, dass verschiedene Autoren die gleichen Begriffe verwenden und dabei von grundlegend verschiedenen Dingen sprechen. Es bleibt daher jedem Autor nichts anderes übrig, als seine eigene Definition vorzustellen. Dieser Umstand erklärt auch, warum in Kapitel 1 beispielsweise Salovey und Mayer durchgehend den Begriff „Emotionen" verwenden, während ich immer wieder zwischen „Gefühlen" und „Emotionen" differenziert habe. Auch in der Umgangssprache oder im Business Talk wird gern von Emotionen als etwas sehr Positivem gesprochen, während der Begriff, wie ich ihn verwend eher negativ konnotiert ist. Sehen wir uns kurz die Definition der fünf Begriffe an, wie ich sie verwende, und dann wird deutlich werden, warum das so ist.

1. Körperliche Empfindungen

Streng genommen, könnte man alles, was direkt über die fünf Sinne wahrgenommen wird, als körperliche Empfindung bezeichnen. Meistens wird jedoch vor allem für den Tastsinn und das Temperaturempfinden der Begriff „Fühlen" verwendet. Wir sagen, dass etwas sich „weich" oder „warm" anfühlt. Unabhängig davon, sind körperliche Empfindungen für unser Thema von Bedeutung, da Emotionen immer wieder als pseudokörperliche Empfindungen auftreten können: der sprichwörtliche Kloß im Hals, die Faust in der Magengrube, die Angst im Nacken.

2. Biologische Programmierungen

Dieser zweite Bereich beinhaltet viele Empfindungen, die umgangssprachlich oft als Gefühle bezeichnet werden, wie etwa Verliebtheit, Gier, Neid, Neugier, Ekel, biologische Angst oder biologische Wut. Die Unterscheidung zu Gefühlen und Emotionen ist deshalb wertvoll, weil biologische Programmierungen anders entstehen als Letztere und auch eine andere Funktion erfüllen. Ihr Anliegen ist es, unser Überleben und unseren Fortbestand als Spezies zu sichern. Daher sind biologische Programmierungen auch sehr stark und primär instinktgesteuert. Anders als Gefühle sind sie nicht dazu da, uns sozial kompetent zu machen. Klassischerweise werden biologische Programmierungen wie Neid und Gier in Unternehmen instrumentalisiert, um Menschen zu motivieren. Leider hat diese Form der Motivation erhebliche Nebenwirkungen, die uns später noch beschäftigen werden.

3. Gefühle als soziale Kräfte

Ich verwende den Begriff „Gefühle“ nur für die fünf Grundgefühle, die ich dem Gefühlskompass zuordne. Diese sind Wut, Angst, Trauer, Freude und Scham. Anders als biologische Programmierungen sind diese fünf

Gefühle tatsächlich soziale Kräfte. Ihre zentrale Aufgabe ist es, uns dazu zu befähigen, mit allen erdenklichen Situationen angemessen in Beziehung zu treten. Wenn wir uns später mit dem Gefühlskompass befassen, wird deutlich, wie und warum genau diese Kombination von Gefühlen das ganze Spektrum möglicher Erlebnisse abdeckt.

4. Emotionen

Ich habe es bereits erwähnt: Im heutigen Marketing- und Managementjargon werden Emotionen oft als etwas sehr Positives bezeichnet. Es ist das, was ein fetziger Song, eine tolle Firmenvision oder ein gelungener Werbespot in Konsument und Mitarbeiterin wecken soll. Es ist dieser innere Kick, der entstehen soll, der sagt: „Ja! Das will ich!"

Ich verwende den Begriff „Emotion" anders. Bei mir bezeichnet Emotion Gefühle aus der Vergangenheit, die damals überwältigend waren und deshalb nicht gefühlt wurden. Diese emotionalen Altlasten spielen in der Psyche nahezu jedes Menschen eine unheilvolle Rolle. Sie lassen sich leider auch nicht auf die Zeit nach Feierabend beschränken, weshalb sie uns im Verlauf dieses Buches noch stärker beschäftigen werden.

Die Verwechslung von Gefühlen und Emotionen hat dazu geführt, dass Gefühle teilweise einen schlechten Ruf haben, denn im Gegensatz zu Gefühlen sind Emotionen tatsächlich äußerst unpraktisch und im schlechtesten Sinn irrational. Ich spreche hier auch gern von unserem emotionalen Rucksack als Bild für die Altlasten, die wir alle mit uns herumtragen und die nur auf eine Gelegenheit warten, entladen zu werden.

5. Fähigkeiten und Zustände

Neben den bislang aufgelisteten Arten von Empfindungen unterscheide ich noch eine fünfte Kategorie: jene der Fähigkeiten oder Zustände. Dazu zählt für mich beispielsweise die Liebesfähigkeit, wie der Sozialpsychologe Erich Fromm sie beschrieb. Also Liebe nicht als biologisches Diktat, wie bei der Verliebtheit oder der Mutterliebe, die eng mit unserem Fortpflanzungstrieb verknüpft sind, sondern als Fähigkeit, die der Mensch entwickeln kann, aber nicht muss. Ich beschreibe diese nicht nur als Fähigkeit, sondern auch als Zustand, da meine Beobachtung ist, dass selbst wenn ein Mensch diese Fähigkeit entwickelt hat, er nicht immer im Zustand der Liebe ist.

Im professionellen Kontext ist beispielsweise die Fähigkeit, Vertrauen zu haben, eine sehr wichtige: Vertrauen in die Mitarbeiter und Kollegen, Vertrauen in die Entwicklung des Unternehmens, Vertrauen in die eigene Wahrnehmung, Vertrauen in den Lauf der Dinge, auch wenn mal etwas schiefläuft.

In diesem Buch werde ich mich primär auf Gefühle und Emotionen konzentrieren, da dies der Bereich ist, der im beruflichen Alltag die größte Rolle spielt. Es ist die Unkenntnis der unterschiedlichen Funktionen der einzelnen Gefühle, die verhindert, dass diese ihrer eigentlichen Bestimmung gemäß genutzt werden. Und es ist die Unfähigkeit, Emotionen von Gefühlen zu unterscheiden, die dazu führt, dass Gefühle pauschal als unprofessionell abgeurteilt werden.

Um zu verdeutlichen, was mit diesem Unterschied gemeint ist, möchte ich ein einfaches Beispiel heranziehen. Ein Mitarbeiter in der Einkaufsabteilung stellt fest, dass ein dringend benötigter Artikel falsch geliefert wurde. Er interpretiert diesen Vorfall als falsch, wodurch eine minimale Dosis Wut in seinem System generiert wird – gerade ausreichend, um den Fehler zu reklamieren und eine zügige Nachlieferung anzufordern.

Wenn es sich bei der Fehllieferung allerdings schon um den dritten Fall binnen einer Woche vom selben Lieferanten handelt, dann wird die erzeugte Wut deutlich intensiver sein – eben entsprechend der Dosis, die er benötigt, um die Sache zu klären. In beiden Fällen – egal ob es sich um ein einmaliges Versehen oder um ein größeres Problem handelt – ist das erzeugte Gefühl der Situation angemessen und unterstützt den Mitarbeiter optimal bei der Lösung.

Anders verhält es sich, wenn bei dem Mitarbeiter eine Emotion ausgelöst wird. In dem Fall steht die erzeugte Gefühlsintensität in keinem Verhältnis zu dem tatsächlichen Auslöser. Der Mitarbeiter reagiert unangemessen. Das kann sich entweder darin äußern, dass er überreagiert, indem er zum Beispiel ausfällig wird oder dem Lieferanten die Zusammenarbeit eigenmächtig kündigt, ohne vorher einen Ersatz zu suchen. Es kann sich aber auch darin äußern, dass er sich nicht imstande fühlt, angemessen zu reagieren, und gar nichts unternimmt. So oder so ist das Verhalten von außen schwer nachvollziehbar.

In seinem Inneren befindet sich der Mitarbeiter, wenn eine Emotion ausgelöst wurde, in einem Zustand, den ich gern als „emotionalen Ausnahmezustand" beschreibe. Er ist, kurz gesagt, nicht mehr er selbst. Diese Ausnahmezustände überfallen uns ganz unvermittelt, scheinbar aus dem Nichts, ausgelöst durch Trivialitäten, die einem anderen Menschen nichts ausmachen würden. Auch für den Mitarbeiter selbst ist überhaupt nicht verständlich, warum er auf einmal mit so intensiven Emotionen zu kämpfen hat – sofern er überhaupt in der Lage ist, darüber nachzudenken.

Aus meinen Führungskräfteschulungen weiß ich, dass wir alle solche Situationen kennen. Es sind nicht nur die Kreativen aus der Marketingabteilung oder die Kommunikativen aus dem Vertrieb, die innerlich ab und zu mal emotional entgleisen. Das passiert auch den angeblich so rationalen Ingenieuren, Buchhalterinnen, Mechanikern und Lagerarbeiterinnen. Kurzum: Es ist ein grundmenschliches Phänomen, das heute in vielen Unternehmen verheerende Auswirkungen hat.

Wie wir gut mit diesen emotionalen Altlasten umgehen können, ohne dass unsere Beziehungen oder wir selbst dabei zu Schaden kommen, wird später noch Thema sein, wenn es um emotionale Hygiene geht. Doch zunächst möchte ich noch die Entstehung von Gefühlen im Gegensatz zu biologischen Programmierungen und Emotionen genauer in Augenschein nehmen, bevor wir uns der Funktion der einzelnen Gefühle zuwenden.

Reflexionsfragen

1. In welchen Kontexten, beruflich oder privat, spielen in Ihrem Leben biologische Programmierungen eine zentrale Rolle?
2. Wann waren Sie das letzte Mal emotional aktiviert, und wie hat sich das angefühlt?
3. Haben Sie manchmal körperliche Empfindungen, die vermutlich emotionale Ursachen haben? Wenn ja, welche? Wie fühlen sie sich an, und wann treten sie auf?
4. Ist Ihnen schon mal aufgefallen, dass Sie Gefühle durch Gedanken steuern können?
5. Kennen Sie sich in einem Zustand der Liebe, des Vertrauens, der Zuversicht? Wie fühlen Sie sich dann?

4 | Wie Gefühle entstehen

Ein hartnäckiger Mythos zum Thema „Gefühle und Emotionen" lautet, dass diese irrational seien. Kopf und Bauch werden gern als Gegenspieler dargestellt, dabei weiß die Wissenschaft längst, dass dieses Bild nicht zutreffend ist. Im Gegenteil: Der renommierte Hirnforscher Antonio Damasio stellte fest, dass Patienten, denen aufgrund von Operationen die Fähigkeit zu fühlen abhandengekommen war, absolut entscheidungsunfähig wurden. Schon die kleinste Entscheidung wurde zum fast unüberwindbaren Hindernis, da rein rational für jede Option zahlreiche Vor- und Nachteile anzuführen waren. Ebenso leidet die Fähigkeit zu priorisieren. Ohne Gefühle würden wir uns unablässig in Trivialitäten verlieren.[6]

Doch wo kommt er dann her, der hartnäckige Mythos vom irrationalen Gefühl? Meines Erachtens liegt die Antwort in der Unterscheidung von biologischer Programmierung, Gefühl und Emotion begründet, die ich im letzten Kapitel vorgestellt habe. Denn während es sich bei Gefühlen in meiner Definition um etwas außerordentlich Praktisches handelt, sind Emotionen und biologische Programmierungen oft extrem unpraktisch.

Emotionspsychologen und Hirnforscher gehen inzwischen davon aus, dass Empfindungen im Gehirn zwei Wege nehmen können: einen sehr schnellen, unmittelbaren, wenn auch sehr ungenauen Weg, und einen zweiten, langsameren, rationalen.[7] Der erste Weg ist in meinem Verständnis primär den biologischen Programmierungen zuzuordnen. Da es sich hierbei um Überlebensprogramme handelt, macht es Sinn, dass die Reaktion so schnell wie möglich erfolgen muss. Auch das kleinste Zögern könnte tödliche Folgen haben.

Dieser direkte Weg verläuft im Gehirn über die Amygdala, eine Art emotionale Schaltzentrale. Diese trifft auf Basis von sehr ungenauen Informationen innerhalb von Bruchteilen von Sekunden Entscheidungen mit weitreichenden Konsequenzen – und zwar ohne sich die Mühe zu machen, zuvor mit den rationalen Instanzen in unserem Gehirn Rücksprache zu halten. Das würde im Zweifelsfall viel zu lang dauern. Das bedeutet: Wenn die Amygdala Alarm schlägt, wird unser gesamtes System von jetzt auf gleich in einen Ausnahmezustand versetzt, bevor unser Verstand überhaupt mitbekommt, was eigentlich los ist. Es bedeutet jedoch auch, dass es immer wieder zu Fehleinschätzungen und falschem Alarm kommt, da die Amygdala ihre Entscheidung auf sehr groben Einschätzungen basieren.

Evolutionär betrachtet, macht das Sinn: Alle Situationen, die eine existenzielle Bedrohung darstellen, bedürfen einer unmittelbaren Reaktion. Wenn wir im

Wald einem Bären begegnen, können wir nicht erst darüber nachdenken, ob er vielleicht gefährlich sein könnte oder ob es sich wirklich um einen Bären handelt. Wir sind darauf angewiesen, dass unser System instinktiv das Richtige tut und wir binnen Sekunden auf dem nächsten Baum sitzen, ohne darüber nachgedacht zu haben, ob wir überhaupt dort hinaufklettern können.

Gefühle als soziale Kräfte hingegen entwickelten sich, laut meinem Verständnis, nicht als reine Überlebensprogramme, sondern primär als soziale Strategien. Da in diesem Kontext nicht unüberlegte Schnellschüsse erforderlich sind, sondern mit Bedacht vorgegangen werden will, werden diese durch einen anderen Mechanismus ausgelöst: die Interpretation.

Im Gehirn bedeutet dies, dass sie einen Umweg machen über den Neocortex.[8] Diese rationale Instanz wägt ab, welche Reaktion auf diese Situation angemessen ist, und wählt die entsprechende Interpretation. Dieser Prozess kann bewusst oder unbewusst erfolgen. So oder so ist er wesentlich langsamer und – ja – vernünftiger als der erste.

Doch wie verhält es sich mit der dritten Kategorie, den Emotionen? Wenn wir uns noch einmal an das Beispiel im letzten Kapitel erinnern: Dort reagierte der Mitarbeiter, als er emotional aktiviert wurde, irrational und unüberlegt. Bedeutet dies, dass hier eine biologische Programmierung aktiviert wurde? Nicht direkt. Meine These ist folgende: Emotionale Altlasten bilden sich, wenn Situationen sich für uns als emotionale Überforderung dargestellt haben. Dabei kann es sich um Erfahrungen handeln, die wirklich traumatisch waren. Es kann sich aber genauso um Situationen handeln, die einem anderen Menschen nicht wirklich etwas ausgemacht hätten, für uns jedoch aus irgendwelchen Gründen nicht verdaubar waren – etwa weil wir aufgrund von anderen Faktoren zu diesem Zeitpunkt wenig belastbar waren oder weil uns die Unterstützung von unseren Mitmenschen fehlte.

Solche Situationen werden in unserer Erinnerung als gefährlich oder bedrohlich abgespeichert. Dadurch werden sie in unserer Psyche einer ähnlichen Kategorie zugeordnet wie die biologischen Programmierungen: mehr oder weniger existenzielle Bedrohungen. Das bedeutet, dass diese Altlasten dann teilweise auch direkt durch Reiz-Reaktions-Muster aktivierbar sind wie echte biologische Programmierungen. Da der auswertende Mechanismus sehr grob und ungenau, dafür jedoch umso schneller ist, reicht oft schon eine geringfügige Übereinstimmung mit der ursprünglichen Erfahrung, um eine emotionale Altlast zu aktivieren und uns in einen entsprechenden Ausnahmezustand zu beför-

Wie entsteht ein Gefühl?

Wahrnehmung

▽

Interpretation

▽

Gefühl

▽

Wirkung

dern. Klassisches Beispiel: Ich wurde als Kind von einem Hund gebissen und reagiere zeit meines Lebens auch auf ganz liebenswürdige Hunde mit Schweißausbrüchen. Genau das passiert auch mit Situationen, die weniger leicht zu durchschauen sind.

Nehmen wir einmal an, Sie fühlten sich als Kind durch Ihren Vater nicht ausreichend wertgeschätzt. Er kritisierte Sie häufig und hatte für Ihre Bedürfnisse kein offenes Ohr, da er der Überzeugung war, das würde Kinder nur verwöhnen. Das kann zur Folge haben, dass Sie als Kind emotional überfordernde Situationen durchlebt haben, in denen Sie seine Wertschätzung, Anteilnahme oder Unterstützung dringend gebraucht hätten. Diese wurden dann in Ihrem System als bedrohlich abgespeichert; und seither lassen alle Situationen, die eine gewisse Übereinstimmung mit dem Erlebten zeigen, Ihr emotionales Alarmsystem anspringen, ohne sich bei Ihrem rationalen Verstand eine Genehmigung dafür einholen zu müssen.

Um unser Beispiel fortzusetzen, nehmen wir weiter an, Sie haben später einen Vorgesetzten, der ebenso der Meinung ist, dass Kritik das beste Mittel ist, um Mitarbeiter zu Höchstleistungen anzuspornen, und der es auch nicht als seine Aufgabe sieht, auf die Bedürfnisse seiner Mitarbeiter einzugehen. Dieser Chef wird Sie mit hoher Wahrscheinlichkeit regelmäßig emotional aktivieren. Sie werden merken, dass Sie in seiner Anwesenheit die Steuerung über Ihr emotionales System verlieren und dass Sie unangemessen reagieren. Das Problem an der Geschichte ist, dass Sie das häufig erst hinterher bemerken, wenn Sie bereits Dinge gesagt oder getan haben, die Sie bei klarem Verstand nie von sich gegeben hätten. Um die Sache noch komplizierter zu machen, sind Sie sich der Hintergründe, warum Sie so unangemessen reagieren, in der Regel nicht bewusst.

Zurück zu unserem Mitarbeiter im Einkauf: Bei ihm wurde im zweiten Fall offenbar eine solche Aktivierung ausgelöst. Dadurch verlor er die Fähigkeit, angemessen mit der Situation umzugehen. Warum diese ausgelöst wurde, ist von außen schwer zu sagen, und auch er wird es sich, nüchtern betrachtet, kaum erklären können. Es muss ihn jedoch irgendetwas an der Situation ganz grob an etwas aus seiner Vergangenheit erinnert haben, was damals eine Überforderung darstellte. Vielleicht wurden seine Bedürfnisse in seiner Kindheit oft nicht ernst genommen, sodass es auch regelmäßig zu „Fehllieferungen“ kam. Oder er wurde selbst schlimm bestraft, wenn er Fehler gemacht hatte. Was es genau war, ist nicht wichtig. Ausschlaggebend ist die Erkenntnis, dass es sich um eine emotionale Altlast handelt und nicht um ein Gefühl. Nur wenn der Mitarbeiter lernt, dies bei sich selbst zu erkennen, hat er eine Chance, bewusst gegenzusteuern. Das kann er beispielsweise mit den echten Gefühlen tun oder durch andere Strategien, die später noch Thema sein werden.

Doch wie verhält es sich mit den Gefühlen als soziale Kräfte? Diese werden durch Interpretationen ausgelöst, und zwar jedes Gefühl durch eine ganz bestimmte Interpretation. Der Ablauf ist dabei, wie im Kasten dargestellt. Je nachdem, wie wir eine Situation interpretieren, wird ein anderes Gefühl erzeugt. Um noch einmal auf das Beispiel unseres Mitarbeiters aus dem Einkauf zurückzugreifen: Im ersten Fall interpretierte er die Fehllieferung als falsch, wodurch er Wut erzeugte. Diese Wut befähigte ihn dazu, etwas zu unternehmen, um die Situation richtigzustellen. Ein anderer Mitarbeiter hätte in der gleichen Situation womöglich eine andere Interpretation getroffen – und entsprechend ein anderes Gefühl erzeugt.

Doch nicht jede Situation lässt sich durch eine angemessene Portion Wutkraft aus der Welt schaffen, so schön das auch wäre. Das gilt nur für Situationen, die sich in meinem Einflussbereich befinden und in denen auf der Hand liegt, was ich tun kann. Für viele Situationen gilt das, auch im beruflichen Bereich, leider nicht. Um zu verstehen, welche Reaktionen für diese Situationen in unserem Gefühlsrepertoire vorgesehen sind und wie diese uns bei der Problemlösung unterstützen, ist es hilfreich, sich den Gefühlskompass genauer anzusehen.

Reflexionsfragen

1. In welchen Situationen überfallen Sie Empfindungen nach dem zuerst beschriebenen Schema Reiz – Empfindung – Interpretation?
2. In welchen Situationen erzeugen Sie Gefühle bewusst durch Ihre Gedanken?
3. Welche Art von Gefühl erzeugen Sie vorzugsweise (wütend, traurig, ängstlich, schuldbewusst, freudig)?
4. Wie nützlich sind diese von Ihnen erzeugten Gefühle in der jeweiligen Situation? Unterstützen diese Sie bei Ihrer Arbeit, oder sind sie eher hinderlich?

Teil II

Gefühle als Ressource

5 | Der Gefühlskompass

Der Gefühlskompass ist ein Modell, das ich im Lauf der letzten Jahre entwickelt habe. In ihm sind die fünf Grundgefühle angeordnet. Bei diesen fünf Grundgefühlen handelt es sich um eine Zusammenstellung jener Gefühle, die wir als Menschen benötigen, um angemessen mit allen Situationen in Beziehung treten zu können. Die fünf Grundgefühle sind Wut, Angst, Trauer, Scham und Freude.

Diese Auswahl unterscheidet sich geringfügig von jener anderer Wissenschaftler. Einig ist sich die Mehrzahl der Wissenschaftler und Theoretiker bei der Zuordnung von Wut, Trauer, Angst und Freude zu den Grundgefühlen. Darüber hinaus gibt es Abweichungen. Die wohl wichtigsten Forschungen zum Thema „Grundgefühle" wurden von Paul Ekman durchgeführt, der Psychologieprofessor an der University of California war. Ekman gelang es, nachzuweisen, dass Gefühle offenbar tatsächlich evolutionär bedingt sind und nicht sozial angelernt. Er zeigte, dass Menschen kulturunabhängig bestimmte Grundgefühle im Gesicht ablesen können. Besonders beeindruckend und aufschlussreich war in diesem Zusammenhang eine Untersuchung mit einem indigenen

Stamm aus Papua-Neuguinea. Aufgrund seiner Abgeschiedenheit konnte davon ausgegangen werden, dass dieser Stamm keine Gelegenheit hatte, unsere Mimik etwa durch Fernsehen oder anderen Kontakt zu erlernen. Dennoch erkannten die Stammesmitglieder die gleichen Grundgefühle wie Menschen aus anderen Kulturkreisen, die Ekman untersucht hatte.[9] Diese sind bei Ekman Wut, Trauer, Angst, Freude, Überraschung und Ekel, wobei ich Letzteres den biologischen Programmierungen zuordne und Überraschung als Kombination aus Freude und Angst betrachte.

Ekman geht außerdem von weiteren Grundgefühlen aus, die nicht unmittelbar im Gesicht abzulesen sind. Dort ist bei ihm – neben anderen Gefühlen, die in meinem Verständnis entweder biologische Programmierungen oder Mischformen sind – auch die Scham anzutreffen, die ich als fünftes Grundgefühl betrachte. Doch warum genau diese fünf? In meinem Verständnis sind drei Merkmale entscheidend dafür, ob es sich um ein Grundgefühl handelt oder nicht.

1. Auslöser/Entstehung

Gefühle als soziale Kräfte entstehen immer durch kognitive Interpretationen. Diese können zwar unbewusst erfolgen, doch sie sind dem Denken zuzuordnen. Ein einfacher Test, um herauszufinden, ob es sich bei einer Empfindung um ein reines Gefühl handelt oder nicht, ist, sich die Interpretation bewusst zu machen und diese probeweise neu zu treffen, also zu verändern. Wenn Sie das nächste Mal in einer Besprechung sitzen und wütend werden, weil jemand Ihre Zeit verschwendet, probieren Sie, diese Wahrnehmung nicht als falsch, sondern als schade zu betrachten. Wenn es sich bei Ihrer Wut um ein reines Gefühl handelte, wird es sich zu Trauer wandeln, wenn sie statt falsch schade interpretieren. Das braucht zwar etwas Übung, doch kann es schon bald richtig Spaß machen, an den eigenen Schrauben im Gehirn zu drehen und so die emotionale Steuerung zu trainieren.

2. Funktion

Wie bereits erwähnt, muss die Funktion eines reinen Gefühls in meinem Verständnis eine soziale sein und nicht vordergründig eine Überlebensfunktion, wie bei den biologischen Programmierungen. Im Gefühlskompass erfüllt jedes Gefühl eine ihm eigene soziale Funktion. Insgesamt wird das ganze Spektrum möglicher Positionierungen gegenüber einer Situation abgedeckt. Diese Funktionen sind auch im Arbeitsalltag von zentraler Bedeutung, denn sie geben uns inneren Spielraum, auf Situationen angemessen zu reagieren.

3. Intensität

Gefühle als soziale Kräfte treten in einer Intensität auf, die der Situation angemessen ist, und sie unterstützen uns bei der Problemlösung und in unseren Beziehungen. Hierin unterscheiden sie sich grundlegend von biologischen Programmierungen und Emotionen, die häufig übersteuern.

Auf den ersten Blick sorgt die Tatsache, dass es sich bei den fünf Gefühlen um vier negative und nur ein positives Gefühl handelt, oft für Verwunderung. Bei genauerer Betrachtung wird jedoch deutlich, warum das so ist. Die vier sogenannten negativen Gefühle – Wut, Trauer, Angst und Scham – treten auf, wenn etwas anders ist, als wir es haben wollen. Das eine positive Gefühl – die Freude – hingegen tritt dann auf, wenn etwas genau so ist, wie es unserem Bedürfnis oder Interesse entspricht. Da erstere Situationen – also jene, die anders sind, als wir sie gern hätten – jedoch viel schwieriger, anspruchsvoller und komplexer sind als Zweitere, brauchen wir hierfür ein größeres Gefühlsvokabular, um angemessen mit ihnen umgehen zu können. Situationen, die unseren Bedürfnissen entsprechen, können wir im Zweifelsfall sogar ignorieren. Das ist zwar schade, doch weiter geschieht nichts.

Merkmale eines Gefühls

1. Kognitiver Auslöser
2. Soziale Funktion
3. Angemessene Intensität

Die vier negativen Gefühle sind ebenjenes Gefühlsvokabular, um mit unterschiedlichen Konfliktsituationen angemessen umgehen zu können. Hierbei ist es keinesfalls egal, welches negative Gefühl wir haben, da jedes einzelne eine ganz eigene Funktion erfüllt. Dies konnte inzwischen auch in wissenschaftlichen Untersuchungen nachgewiesen werden.[10]

Wut beispielsweise versetzt uns in Handlungsbereitschaft. Dieses Gefühl ist daher ausgezeichnet geeignet, um mit Situationen umzugehen, in denen wir aktiv werden müssen und können. Es ist jedoch absolut ungeeignet für Situationen, die wir nicht ändern können. Hierfür haben wir ein anderes Gefühl entwickelt: die Trauer. Sie hilft uns, das anzunehmen, was uns zwar missfällt, jedoch nicht im Rahmen unseres Einflussbereichs liegt.

Trauer löst in unserem Gehirn und Körper ganz andere Prozesse aus als Wut. Während Letztere uns in einen mehr oder weniger ausgeprägten Erregungszustand versetzt, hat Trauer den umgekehrten Effekt: Sie entspannt uns, lässt unser Nervensystem herunterfahren und erleichtert es uns, die Situation anzunehmen, wie sie ist.

Angst hingegen ist dem Umgang mit neuen, unbekannten und daher potenziell gefährlichen Situationen vorbehalten. Angst versetzt uns in einen Zustand höchster Wachsamkeit und Leistungsfähigkeit. Während also Wut jenen Situationen vorbehalten ist, die wir ändern können, und Trauer jenen, die wir nicht ändern, aber annehmen können, ist Angst den Situationen vorbehalten, von denen wir nicht wissen, wie wir sie verändern oder annehmen können. Deswegen kann Angst als Kraft eine wichtige Verbündete sein, wenn es um Innovation geht. Sie befähigt uns, über das Bekannte hinauszugehen, in jenen Bereich, wo etwas völlig Neues geschehen kann.

Das vierte negative Gefühl im Kompass, die Scham, ist für jene Situationen bestimmt, in denen wir uns selbst infrage stellen müssen. Scham ist essenziell für unsere soziale Navigation, wie der bereits zuvor erwähnte Hirnforscher Antonio Damasio belegen konnte. Personen, denen die Fähigkeit, sich zu schämen, organisch bedingt abhandengekommen ist – etwa aufgrund eines Unfalls oder einer Operation –, sind unfähig, sich in einfachen Situationen sozial angemessen zu verhalten. Die Fähigkeit zur Selbstreflexion fehlt.[11]

Das ist also das Reaktions- oder Beziehungsspektrum, zu dem die vier negativen Gefühle im Kompass uns befähigen: Handlung (Wut), Annahme (Trauer), Innovation (Angst), Selbstreflexion (Scham). So gewappnet, können wir den Widrigkeiten des Lebens gut ins Auge sehen.

Das fünfte Gefühl im Kompass ist ja bekanntlich unser Lieblingsgefühl: die Freude. Dieses Gefühl tritt auf, wenn die Dinge so laufen, wie wir es uns vorgestellt haben. Freue erkennt an, dass Bedürfnis oder Interesse

Die Funktionen der fünf Grundgefühle im Überblick

Wut	▷	Handlung
Trauer	▷	Annahme
Angst	▷	Innovation
Scham	▷	Selbstreflektion
Freude	▷	Wertschätzung

und Situation zusammenpassen. Die soziale Funktion von Freude ist jene der Wertschätzung. Indem wir unsere Freude über etwas zeigen, drücken wir unsere Wertschätzung aus. Außerdem hilft Freude uns dabei, uns unserer wahren Bedürfnisse bewusst zu werden.

Wie bereits zuvor erwähnt, werden Gefühle im Gegensatz zu Emotionen und biologischen Programmierungen durch Interpretationen ausgelöst. Da jedes Gefühl entsprechend seiner Funktion von einer ganz bestimmten Interpretation ausgelöst wird, können Gefühle durch Gedanken bewusst erzeugt und gesteuert werden. Voraussetzung dafür ist, dass wir uns der Interpretation bewusst werden, verstehen, welche Interpretation welches Gefühl auslöst und was die Funktion des jeweiligen Gefühls ist.

Der Kasten zeigt die Interpretationen der fünf Grundgefühle im Überblick. Die Grundinterpretationen „falsch", „schade", „furchtbar", „bin ich falsch?" und „richtig" lösen in unserem System die jeweiligen Grundgefühle aus. Richtig eingesetzt, befähigen sie uns,

Die Interpretation der fünf Grundgefühle im Überblick

„Das ist *falsch*!" ▷ Wut
„Das ist *schade*!" ▷ Trauer
„Das ist *furchtbar*!" ▷ Angst
„Bin ich *falsch*?" ▷ Scham
„Das ist *richtig*!" ▷ Freude

zu jeder Situation das passende Gefühl zu erzeugen – also jenes, das uns optimal bei der jeweiligen Problemstellung unterstützt.

Reflexionsfragen

1. Wenn Sie den Gefühlskompass als Ganzes betrachten: Welche Gefühle kennen Sie gut, welche kaum oder gar nicht?
2. Mit welchen Gefühlen fühlen Sie sich wohl? Bei sich selbst? Bei Ihren Mitmenschen?

6 Gefühle als Kraft

Um zu verstehen, wie Gefühle die ihnen eigene Funktion ausfüllen, ist es hilfreich, sie als Kräfte zu betrachten. Der Schweizer Psychiater Luc Ciompi, dessen Theorie der Affektlogik wichtige Thesen über das Zusammenspiel von Gedanke und Gefühl vorlegte, schreibt hierzu: „Die Affektlogik [...] versteht Grundgefühle [...] auch als Energien bzw. als situationsabhängige Energieverbrauchsmuster, die sich im Lauf der Evolution mit lebenswichtigen Situationen und Verhaltensweisen [...] gekoppelt haben.“ [12]

Bevor ich genauer auf dieses Thema eingehe, möchte ich eines anmerken: Jedes der genannten Gefühle hat nicht nur den hier erwähnten positiven Ausdruck, sondern auch einen negativen, den ich gern als den Schattenausdruck bezeichne. Viele Menschen kennen tatsächlich nur den Schattenausdruck von bestimmten Gefühlen, etwa die Zerstörung bei der Wut oder die Lähmung bei der Angst. Interessanterweise ist der zugrundeliegende Mechanismus, der entscheidet, ob ein Gefühl als Schatten oder als konstruktive Kraft in Erscheinung tritt, immer der gleiche, egal um welches der fünf Gefühle es sich handelt. Um diesen zu verstehen, müssen wir erneut hinter die Kulissen blicken, dorthin, wo das Gefühl seinen Ursprung hat: auf die Ebene der Interpretation. Hier entscheidet sich, ob das erzeugte Gefühl als Kraft oder als Schatten auftritt.

Um den Unterschied zwischen beidem zu verstehen, ist zunächst ein differenzierter Blick auf das Zusammenspiel von Interpretation, Gefühl und Situation notwendig. Beginnen wir bei dem Szenario, das wir schon kennen: Die Interpretation einer Wahrnehmung erzeugt ein Gefühl, das dann eine entsprechende Wirkung hat. Wie in den letzten Kapiteln deutlich wurde, ist es alles andere als egal, welche Interpretation wir treffen und welches Gefühl wir dadurch erzeugen. Nur eine angemessene Interpretation lässt das passende Gefühl entstehen, das uns dann tatsächlich im Umgang mit der Situation weiterhilft.

Doch woher weiß ich, welche Interpretation angemessen ist? Dies kann ich nur herausfinden, indem ich die tatsächliche Situation mit meinen Bedürfnissen oder den Interessen, die ich vertrete, abgleiche. Ein konstruktives Gefühl bildet immer eine Brücke zwischen der tatsächlichen Situation und den Interessen oder Bedürfnissen, die ich vertrete.

Wie die Abbildung zeigt, geht ein Gefühl als konstruktive Kraft immer von der tatsächlichen Situation aus und ist ausgerichtet auf das, was ich möchte oder wofür ich einstehe. Voraussetzung dafür, dass ein Gefühl als konstruktive Kraft entstehen kann, ist also, dass ich mich mit der tatsächlichen Situation auseinandersetze und meine Bedürfnisse oder die Interessen, dich ich vertrete, nicht aus den Augen verliere.

Bei den vier gemeinhin als negativ empfundenen Gefühlen Angt, Wut, Trauer und Scham haben wir es immer mit einer Lücke oder Diskrepanz zwischen der tatsächlichen Situation und unserem Bedürfnis oder Interesse zu tun. Je nachdem, was im Rahmen unserer Möglichkeiten ist, können eines oder mehrere der vier negativen Gefühle die Lücke schließen.

Wut als Kraft

1. Klare Position
2. Gesunde Entscheidungsfähigkeit
3. Gesunde Grenzen

Wie bereits erwähnt, kann Wut durch Schaffenskraft und Handlungsbereitschaft dafür sorgen, dass die Situation sich so verändert, wie es unserem Interesse entspricht. Wut als Kraft versetzt uns in einen aktivierten Erregungszustand, der uns das nötige Energiepotenzial für klare, zielgerichtete Handlung zur Verfügung stellt.

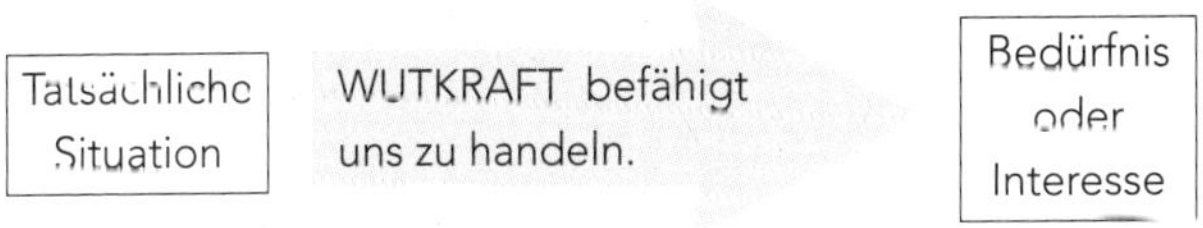

Ergebnis: Die tatsächliche Situation nähert sich unserem Interesse an.

Trauer als Kraft
1. Den eigenen Standpunkt loslassen
2. Umgang mit Rückschlägen
3. Unrealistische Ziele loslassen

Bei Trauer hingegen ist es die Annahme, die eine Brücke zwischen der tatsächlichen Situation und dem Bedürfnis oder Interesse schlägt. Trauer versetzt uns in einen entspannten Zustand, in dem es uns leichter fällt, Dinge loszulassen und sie so sein zu lassen, wie sie sind, auch wenn wir sie uns anders gewünscht hätten.

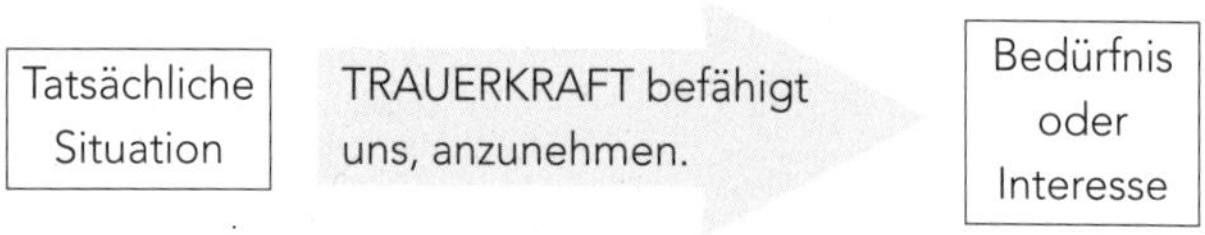

Ergebnis: Wir akzeptieren die Situation, ohne unser Interesse aus den Augen zu verlieren.

Angst als Kraft
1. Sich auf das Unbekannte einlassen
2. Neues ausprobieren
3. Herausforderungen begegnen

Angst als konstruktive Kraft befähigt uns, die Lücke zwischen der tatsächlichen Situation und dem Bedürfnis oder Interesse als Innovationsquelle zu nutzen. Vielen Menschen ist dieser Aspekt von Angst nicht bewusst, da sie dieses Gefühl vor allem in seinem Schattenausdruck kennen, mit dem wir uns später noch beschäftigen werden. Ein weiteres Missverständnis über Angst besagt, dass diese vor allem Gefahr signalisiert. Bei genauerem Hinsehen zeigt sich, dass das viel zu gefährlich wäre. Angst signalisiert daher nicht erst Gefahr, sondern sie markiert die Grenze zwischen dem Bekannten und dem Unbekannten. Jenseits dieser Grenze kann Gefahr lauern, es kann jedoch auch die Chance unseres Lebens sein.

Ergebnis: Wir nutzen die Spannung zwischen der Situation und unserem Interesse als kreatives Potenzial.

Scham als Kraft

1. Soziale Navigation
2. Feedbackfähigkeit
3. Aus Fehlern lernen

Scham überbrückt die Lücke zwischen dem, was ist, und unserem Interesse durch Selbstreflexion. Im Moment der Scham möchten wir am liebsten vom Erdboden verschwinden. Zugleich sind wir uns der eigenen Existenz und vor allem unserer Unzulänglichkeiten überdeutlich bewusst. Eine gesunde Schamkraft befähigt uns zu dieser Selbstwahrnehmung und lässt uns dann auch die Freiheit zu entscheiden, wie wir damit in Beziehung treten möchten. Erst dann können wir jede der anderen Gefühlskräfte auf uns selbst anwenden: die Wut, wenn es darum geht, uns selbst Grenzen zu setzen oder mehr Disziplin an den Tag zu legen, die Trauer, wenn es darum geht, Unzulänglichkeiten anzunehmen, die Angst, wenn es darum geht, uns auf das Unbekannte in uns einzulassen, und die Freude, wenn wir Eigenschaften an uns wertschätzen, auch wenn sie anderen vielleicht nicht gefallen.

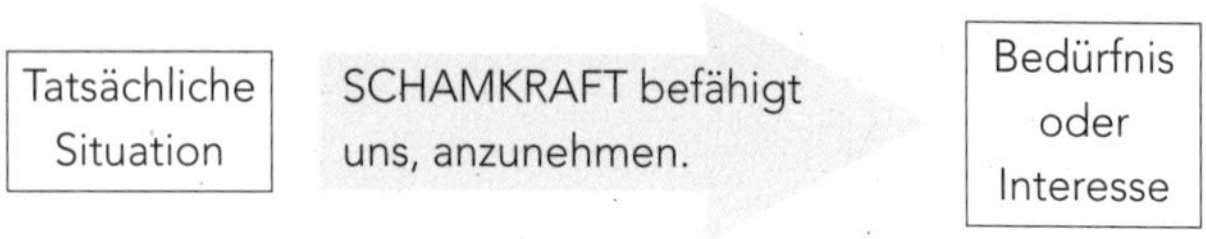

Ergebnis: Wir erkennen, was wir selbst zu dieser Situation beigetragen haben und was wir daraus lernen können.

Freude ist nur dann als konstruktive Kraft nutzbar, wenn das, was ist, mit unserem Bedürfnis oder Interesse übereinstimmt. Hierin unterscheidet sie sich grundlegend von den anderen vier Gefühlen. Sie ist also keine Problemlösungsstrategie. Dennoch erfüllt sie eine wichtige soziale Funktion, indem sie die Übereinstimmung zwischen Realität und Wunsch anerkennt, wodurch diese bekräftigt wird. Freude kann uns außerdem helfen, uns unserer wahren Bedürfnisse bewusst zu werden. Sie tritt dann in authentischer Form auf, wenn etwas wirklich stimmig ist und unseren wahren Bedürfnissen entspricht – und nicht weil jemand uns diktiert, dass wir uns jetzt zu freuen haben, weil ein Erfolg zu feiern ist, der eigentlich nicht der unsere ist.

Tatsächliche Situation	FREUDEKRAFT befähigt uns, anzunehmen. →	Bedürfnis oder Interesse

Ergebnis: Wir erkennen die Übereinstimmung von Situation und Wunsch an und stärken diese durch unsere Wertschätzung.

Nun wurde jedes der fünf Grundgefühle in seiner Kraft einmal vorgestellt. Manche Gefühle werden Ihnen in dieser Form vertraut sein, bei anderen haben Sie vielleicht eine ganz neue Perspektive bekommen. Wie ich bereits zu Anfang dieses Kapitels erwähnt habe: Das ist nur die halbe Wahrheit. Jedes der soeben dargestellten Gefühle hat auch einen Schattenausdruck, dem ich noch ein eigenes Kapitel widmen werde. Doch zuvor möchte ich einen genaueren Blick auf das spannende Thema „emotionale Steuerung“ werfen.

Reflexionsfragen

1. Welche der fünf Gefühlskräfte steht Ihnen in Ihrem Berufsalltag zuverlässig zur Verfügung?
2. Wenn eine der Kräfte fehlt: Durch welche andere Kraft ersetzen Sie diese?
3. Was passiert in Situationen, wo Sie eine fehlende Kraft durch eine andere ersetzen?

7 | Gefühle steuern

Nach landläufiger Meinung ist es herzlich egal, ob jemand wütend, traurig oder ängstlich ist. Fakt ist, es geht ihm nicht gut, er hat ein schlechtes Gefühl. Eine genauere Unterscheidung scheint müßig zu sein. Das Gefühl ist lästig, wir wollen es am liebsten einfach loswerden, uns wieder gut fühlen, und zwar idealerweise, ohne uns näher mit dem Gefühl selbst befassen zu müssen.

Wenn wir uns jedoch die Tatsache bewusst gemacht haben, dass jedes Gefühl eine ganz eigene Funktion erfüllt, kommen wir nicht mehr umhin, diese Haltung grundlegend zu hinterfragen. Auch hier können die Erkenntnisse der Emotionsforschung uns beim Umdenken unterstützen.

Larissa Tiedens, Professorin für Organizational Behavior an der Stanford Graduate School of Business, befasste sich beispielsweise ausführlich mit dem Thema „Wut" und welchen Einfluss unser Ausdruck dieses Gefühls darauf hat, wie andere uns wahrnehmen. Die Wissenschaftlerin interessierte sich hierbei insbesondere für den sozialen Status, der jemandem zugeschrieben wird, basierend auf seinem Ausdruck von Wut.

Die Ergebnisse ihrer Forschungen zeigen eindeutig, dass es alles andere als egal ist, ob wir wütend oder traurig sind, und dass dies gerade auch im professionellen Kontext einen entscheidenden Unterschied machen kann. Sie konnte zum Beispiel nachweisen, dass Personen, die bei einer Verhandlung Wut zeigen, als mächtiger wahrgenommen werden als jene, die Trauer zeigen.[13] Ein anderer Psychologieforscher von der Universität Amsterdam, Gerban van Kleef, ging der Frage nach, ob ein wütender oder ein froher Verhandlungspartner erfolgreicher ist. Auch hier zeigte sich eindeutig, dass der wütende Verhandlungsstil größere Aussichten auf Erfolg hatte als der fröhliche.[14]

Wenn wir uns noch einmal die genaue Funktion der Gefühle Wut, Trauer und Freude ins Gedächtnis rufen, wird auch deutlich, warum das so ist. Wut signalisiert Handlungsfähigkeit und Klarheit. Sie zeigt, dass ich weiß, was ich will, und mich auch in der Lage sehe, dies zu bekommen. Trauer hingegen signalisiert, dass ich mich nicht in der Lage sehe, zu bekommen, was ich will. Sie steht für Annahme. Freude hingegen signalisiert, dass wir zufrieden sind, wie es ist, auch unabhängig davon, wie die Verhandlung endet. Das mag zwar ein emotional erstrebenswerter Zustand sein, doch hilft er uns am Verhandlungstisch offenbar nicht weiter – oder zumindest nicht ausschließlich.

Doch Vorsicht: Diese Beispiele sollen kein Plädoyer für mehr Wut und weniger Trauer und Freude in Unternehmen sein! Damit würden wir die Botschaft der Untersuchungen meines Erachtens grundlegend missverstehen. Denn auch wenn Wutkraft bei Verhandlungen eher zum Erfolg führt: Wut kann für Individuen und Organisationen auch negative Konsequenzen haben. Eine Studie konnte sinkende Produktivität nachweisen,[15] eine andere zeigte erhöhte Stresslevels an[16]. Und jeder, der mal einen cholerischen Vorgesetzten oder Kollegen hatte, weiß, dass damit nicht zu spaßen ist.

Mir geht es um Folgendes: Gefühle sind wichtig, auch die schwierigen. Indem wir lernen, Gefühle bewusst zu erzeugen und zu steuern, können wir sie nutzen, um gut mit Herausforderungen umzugehen. Die Wut bei den Verhandlungen ist hierbei nur ein Beispiel und ein recht plakatives noch dazu. Mindestens genauso wichtig sind die anderen Gefühle. Fehlt eines der Gefühle oder ist es schwach ausgebildet, muss diese Funktion von den anderen Gefühlen übernommen werden. Das wird schnell zum Problem, denn die anderen Gefühle können die Funktion des fehlenden Gefühls einfach nicht angemessen ersetzen. Wut hilft uns nun mal nicht dabei, etwas anzunehmen, genauso wenig wie Trauer uns handlungsfähig macht.

Gehen wir davon aus, unser Mitarbeiter aus dem Einkauf ist nicht gut darin, wütend zu sein. Er hat hier in seinem Gefühlskompass eine Schwäche. Ihm stehen dann nur die anderen Gefühle aus dem Kompass zur Verfügung: Trauer, Angst, Scham oder Freude. Keines dieser Gefühle ist für den Umgang mit der Situation, so wie ich sie geschildert habe, wirklich geeignet. Durch Trauer würde er davon ausgehen, dass er nichts an der Situation ändern kann. Angst würde ihn entweder lähmen oder zu kreativen Lösungsansätzen verleiten, die jedoch nicht unbedingt geeignet sind. Scham würde davon ausgehen, dass er selbst einen Fehler gemacht hat, auch wenn dies nicht der Fall ist. Und Freude würde womöglich einfach so tun, als wäre es kein Problem.

Viele Menschen erleben auch im beruflichen Alltag, dass sie immer wieder das falsche Gefühl zur falschen Zeit haben. Dadurch fällt es ihnen schwer, angemessen auf Herausforderungen zu reagieren. Mit Übung können wir lernen, uns der Interpretation bewusst zu werden, die das unpassende Gefühl auslöst.

Um bei unserem Beispiel zu bleiben: Einmal angenommen, der Mitarbeiter hat tatsächlich die Angewohnheit, statt Wut Scham zu erzeugen. Er stellt fest, dass es zu einer Fehllieferung gekommen ist, und schämt sich. Als Verantwortlicher für den Einkauf rechnet er sich den Fehler an. Wenn er nun lernt, seine Aufmerksamkeit auf seine Gedanken zu lenken, wird er feststellen, dass hier Interpretationen der Situation laufen, die ihm selbst oder dem eigenen Unternehmen – womöglich völlig irrational – die Schuld für den Vorfall geben. Diese könnten zum Beispiel lauten: Er sei nicht deutlich genug gewesen bei der Bestellung, die Kollegen aus der Buchhaltung hätten die letzte Rechnung zu spät angewiesen, oder das eigene Unternehmen sei als Kunde zu unwichtig für den Lieferanten, um ernst genommen zu werden.

Erst wenn der Mitarbeiter sich dieser Fehlinterpretationen bewusst geworden ist, kann er sie hinterfragen. Nachdem er festgestellt hat, dass diese Interpretationen unzutreffend sind, kann er sich für eine neue Interpretation entscheiden, in dem Fall zum Beispiel jene, dass der Lieferant offenbar einen Fehler gemacht hat. Die dadurch erzeugte Wutkraft ermöglicht es ihm, sich klar zu positionieren und eine Korrektur der Fehllieferung in die Wege zu leiten.

Sehen wir uns nun spaßeshalber den umgekehrten Fall an: Der Mitarbeiter ist Choleriker. Er hat überhaupt kein Problem damit, im erwähnten Fall den Hörer in die Hand zu nehmen und die zuständige Ansprechpartnerin des Lieferanten zur Schnecke zu machen. Seine Schwäche im Gefühlskompass ist die Scham, weshalb er nicht fähig ist einzusehen, dass er tatsächlich beim Ausfüllen des Bestellformulars einen Fehler gemacht hat.

Neben der Tatsache, dass seine Art, mit seiner Wut umzugehen und diese auszudrücken, alles andere als konstruktiv ist – ein Thema, auf das ich später noch eingehen werde –, fehlt ihm hier eine wichtige emotionale und damit soziale Kompetenz: jene, sich selbst zu hinterfragen.

Oder nehmen wir an, erwähnter Choleriker kann zwar durchaus seine Fehler einsehen, hat jedoch ein Problem mit dem Gefühl Trauer. Nehmen wir weiter an, dass die Lieferung für einen Terminauftrag benötigt war. Dieser muss nun storniert werden, wodurch das Unternehmen einen herben Verlust erleidet. Nach aller Selbstreflexion (Scham) und jedem Versuch, den Auftrag noch zu retten (Wut), bleibt in so einer Situation oft nur noch die Trauer – die Annahme.

Ein Choleriker mit einer Schwäche im Bereich Trauer wird in seiner Wut hängen bleiben und buchstäblich die Wände hochgehen. Da das erzeugte Gefühl für die Situation ungeeignet ist, kann es nicht eingesetzt werden, staut sich im System oder sucht sich unpassende Kanäle. Auch hier kann ein Bewusstmachen der Fehlinterpretation wahre Wunder wirken. In der Praxis ist es immer wieder verblüffend, zu sehen, wie innerhalb von kürzester Zeit eine völlig neue emotionale Haltung eingenommen werden kann, indem der Fehler in der zugrundeliegenden Interpretation bewusst gemacht wird.

Um bei dem letzten Fall zu bleiben, könnten hier die Fehlinterpretationen beispielsweise lauten: Die unfähigen Mitarbeiter in der Auftragsannahme des Lieferanten hätten doch merken müssen, dass es ein Fehler im Bestellformular war! Oder: der Auftraggeber des Terminauftrags sollte das mit dem Liefertermin nicht so genau nehmen, schließlich kann immer etwas dazwischenkommen! Oder: Eigentlich bin ich ja gar nicht für die Bestellung zuständig, nur weil der Kollege in Urlaub war, bin ich eingesprungen. Jede dieser Interpretationen erzeugt Wut, die in dieser Situation nicht konstruktiv ist, und vermeidet die simple Erkenntnis, dass hier ein Fehler passiert ist, der zu einem Verlust geführt hat, und dass das zunächst nicht zu ändern ist. Diese Erkenntnis muss vermieden werden, solange wir zu dem dazugehörigen emotionalen Verarbeitungsprozess nicht in der Lage sind.

Ich möchte jetzt noch eine weitere Variante durchspielen: Die Fehllieferung kann nicht behoben werden, der Auftraggeber für das Termingeschäft ist einer der wichtigsten Kunden des Unternehmens. Dieser ist Aufgrund anderer Vorfälle in jüngster Vergangenheit bereits verärgert und hat schon angedeutet, bei weiteren Fehlleistungen die Zusammenarbeit möglicherweise zu beenden. Das Unternehmen unseres Mitarbeiters aus dem Einkauf hatte ein schwieriges Jahr, der Verlust dieses Auftrags und dieses Kunden bedeutet eine existenzielle Bedrohung für das Unternehmen.

Im Klartext bedeutet das: Der Mitarbeiter kann die Situation nicht einfach so annehmen (Trauer). Er kann sie jedoch auch nicht mit den bekannten Mitteln einfach aus der Welt schaffen (Wut). Die Selbstreflexion (Scham) hat zwar zu der wichtigen Erkenntnis geführt, dass dem Mitarbeiter tatsächlich bei der Auftragserteilung ein Fehler unterlaufen ist. Das hilft jedoch in der jetzigen Situation nicht weiter.

Die beschriebene Situation ist wirklich „furchtbar" – eine Interpretation, die Angst erzeugt. Wenn es unserem Mitarbeiter gelingt, nicht in den lähmenden Schatten der Angst zu verfallen, sondern stattdessen ihr Innovationspotenzial zu nutzen, könnte sich eine völlig unvorhergesehene Lösung für die Situation entwickeln. Vielleicht würde es ihm gelingen, das Produkt so zu verändern, dass die gelieferte Ware dennoch verwendet werden kann. Im Extremfall könnte das sogar zu einer bahnbrechenden Innovation führen, die das Unternehmen an die Spitze der Branche katapultiert. Das mag sich utopisch anhören, doch oft sind es die Grenzerfahrungen im Leben von Menschen und Unternehmen, die zu wirklichen Durchbrüchen führen. Ein legendäres Beispiel ist Toyota, das sich als Unternehmen in einer existenzellen Krise von Grund auf neu erfand.[17] Eine solche Innovation ist Merkmal gesunder Angstkraft. Und ja, natürlich wissen wir nicht, ob es gelingen wird, das ist das Wesen echter Angst: Sie begleitet uns in den Bereich des Unbekannten und damit Ungewissen, potenziell Gefährlichen, doch zugleich wahrhaft Innovativen.

Reflexionsfragen

1. Wie gut ist Ihre emotionale Steuerung?
2. Wie oft haben Sie in Ihrem Berufsalltag den Eindruck, das falsche Gefühl zur falschen Zeit zu haben?
3. Um welches Gefühl handelt es sich dabei vorrangig?
4. Welche(s) andere(n) Gefühl(e) wäre(n) in dieser Situation womöglich nützlicher?

Teil III

Mit schwierigen Gefühlen umgehen

8 Im Schatten der Gefühle

In den vorangegangenen Kapiteln habe ich mich vor allem mit dem Potenzial der Gefühle befasst. Mir war es wichtig, aufzuzeigen, dass auch ungeliebte Gefühle konstruktiv sein können. Doch wie bereits explizit erwähnt, ist das nur die halbe Wahrheit. Wie jeder weiß, können Gefühle auch alles andere als konstruktiv sein. Dies ist uns gerade bei den negativen Gefühlen sonnenklar: Wut kann sehr zerstörerisch sein, Angst lähmend. Trauer kann dazu führen, dass wir resignieren und den Dingen einfach ihren Lauf lassen, ohne einzugreifen, wenn dies notwendig wäre. Scham in ihrem Schattenausdruck ist selbstzerstörerisch – wir lassen kein gutes Haar an uns und sind von konstruktiver Selbstreflexion weit entfernt.

Weniger bekannt ist die Tatsache, dass auch unser Lieblingsgefühl Freude nicht immer positiv oder konstruktiv ist. In ihrem Schattenausdruck zeigt Freude sich als Illusion. Anhänger des positiven Denkens oder Führungskräfte, die sich einer Politik des Lobes verschrieben haben, tappen leicht in diese Falle. Hier werden sich die Dinge einfach schöngeredet, Probleme unter den Teppich gekehrt. Die Interpretation „Das ist richtig!“

wird auf Situationen angewendet, die eigentlich dringend einer anderen Interpretation bedürften.

Wenden wir uns noch ein letztes Mal unserem Mitarbeiter in der Einkaufsabteilung zu. Wenn dieser die Tendenz hat, sich Dinge schönzureden – also in den Schatten der Freude zu verfallen – wird er vielleicht einfach ausblenden, dass er ein Problem hat. Die falsch gelieferten Teile würden an die Produktion gehen, ohne dass er Handlungsbedarf sehen würde.

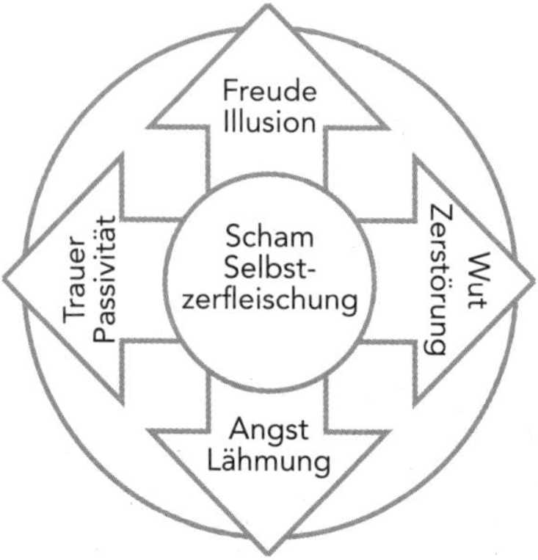

Wenn Mitarbeiter aus der Produktion den Fehler dann reklamieren, würde dies auf Unverständnis stoßen: Was soll denn bitteschön das Problem sein? Ob jetzt dieser oder jener Artikel geliefert wurde – Hauptsache, er ist da! Wer wird denn wegen so einer kleinen Abweichung schon groß Umstände machen!

Unabhängig davon, ob es sich um Wut, Trauer, Angst, Freude oder Scham handelt, es ist auch hier immer der gleiche Mechanismus, der dafür sorgt, dass ein Gefühl sich in seinem Schatten zeigt. Erinnern wir uns: Das Gefühl tritt immer dann als Kraft auf, wenn es eine Brücke zwischen der tatsächlichen Situation und dem Bedürfnis oder Interesse bildet. Jedes Gefühle verfügt hierbei über eine ganz eigene Kompetenz. Ausgangspunkt ist immer die tatsächliche Situation, das Gefühl richtet sich von dort auf unser Bedürfnis aus. Voraussetzung hierfür ist also, dass die tatsächliche Situation zunächst als gegeben angenommen wird – und sei es, um sie zu verändern.

Genau das passiert nicht bei der Entstehung der sogenannten Schattengefühle. Statt von dem auszugehen, was ist, und sich auf das auszurichten, was wir möchten, dreht sich der Kraftpfeil hier um und richtet sich gegen die tatsächliche Situation. Unser Bedürfnis oder das Interesse, das wir vertreten, tritt hinter einem Phänomen zurück, das ich Absolutheitsanspruch nenne.

Ein Absolutheitsanspruch ist die Überzeugung, dass die eigene Ansicht, wie es sein sollte, absolut richtig ist. Diese Überzeugung sitzt so tief, dass wir ihr mehr Gültigkeit zusprechen als der tatsächlichen Situation. Absolutheitsansprüche werden daher oft in „Sollte"-Sätzen oder in „Man“-Sätzen formuliert: „Das sollte anders laufen“. Oder: „Das macht man einfach nicht.“ Beliebte Beispiele sind: „Mitarbeiter sollten pünktlich zu Besprechungen kommen.“ Oder: „Führungskräfte sollten ihren Mitarbeitern ein Vorbild sein.“ Oder: „Terminvereinbarungen sollten eingehalten werden.“

Nun habe ich persönlich an keinem dieser Sätze inhaltlich etwas auszusetzen, und vermutlich würde ich bei einer Umfrage eine hohe Zustimmung zu diesen Aussagen bekommen. Das Problem an der Sache ist Folgendes: Diese absoluten Haltungen führen dazu, dass wir unsere eigene Überzeugung über die tatsächliche Situation stellen. Das wiederum verhindert, dass wir mit der tatsächlichen Situation, wie sie ist, eine konstruktive Beziehung eingehen können.

Laut diesen Überzeugungen sollte es den unpünktlichen oder unzuverlässigen Mitarbeiter genauso wenig geben wie den inkonsequenten Vorgesetzten. Und auch wenn ich es bevorzuge, mit zuverlässigen, pünktlichen und vorbildlichen Menschen zusammenzuarbeiten, Fakt ist: Ich werde immer wieder mit Menschen zu tun haben, die es nicht sind. Indem ich diese Möglichkeit in den Bereich des Unmöglichen verbanne, bleibt mir nur das Repertoire der Schattengefühle, um mit ihnen umzugehen.

Das Beispiel „Freude“ habe ich ja zu Anfang bereits durchgespielt. Hier wird mit Abweichungen von den eigenen absoluten Vorstellungen geschickt so umgegangen, dass diese ausgeblendet werden. Ein beliebter Manager-Absolutheitsanspruch, der direkt in die Freudeillusion führen kann, ist: „Wir sind ein tolles Team!“ Schön, wenn es stimmt. Problematisch wird er, wenn es immer stimmen muss.

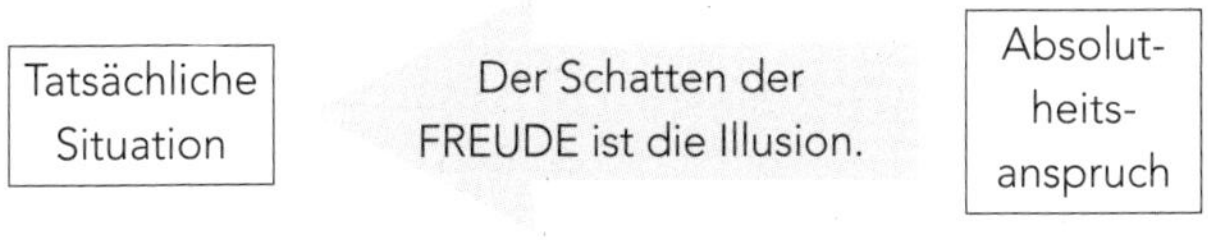

Ergebnis: Wir weigern uns, die Lücke zwischen der tatsächlichen Situation und unserem Bedürfnis oder Interesse anzuerkennen.

Doch wie verhält es sich bei den negativen Gefühlen? Hier sind es die bereits erwähnten Sollte-Sätze, die Schattengefühle entstehen lassen. Nehmen wir den Satz „Führungskräfte sollten ihren Mitarbeitern ein Vorbild sein.“ Begegnen wir den Unvollkommenheiten unseres Chefs mit diesem Absolutheitsanspruch, kann das emotional für uns verheerende Auswirkungen haben und verhindern, dass wir einen konstruktiven Umgang damit finden. Welcher Art diese Auswirkungen sind, hängt davon ab, ob wir uns für den Schatten der Wut, der Angst, der Scham oder der Trauer entscheiden, da entsprechend der Kraft auch der Schatten jedes Gefühls ganz spezifische Ausprägungen hat.

Beginnen wir wieder mit dem Beispiel „Wut“. Da dieses Gefühl so plakativ und extrovertiert ist, kann vieles hier leichter illustriert werden als bei anderen Gefühlen. Wenn der Anspruch, dass Führungskräfte den Mitarbeitern ein Vorbild sein sollten, sich in Wut kanalisiert, wird diese destruktiv. Sie wird sich gegen den Chef richten, wenn er mal wieder zu spät zu einer Besprechung auftaucht oder einen Termin vergisst. Vielleicht ertappen wir uns dabei, wie wir ihn in Gedanken verfluchen, mit anderen Mitarbeitern schlecht über ihn reden oder ihm auf eine andere Weise unseren Respekt entziehen. Das Problem bei der Sache: Die Wut wird hier nicht konstruktiv eingesetzt, um die Situation zu verbessern, etwa indem der Chef darauf angesprochen wird. Und natürlich lässt sich nicht jedes Problem aus der Welt schaffen, indem es angesprochen wird. Hier wäre dann Trauer angemessen: Als Kraft würde sie uns helfen anzunehmen, dass unser Chef chronisch unpünktlich ist und es offenbar nicht in unserer Macht steht, daran irgendetwas zu ändern.

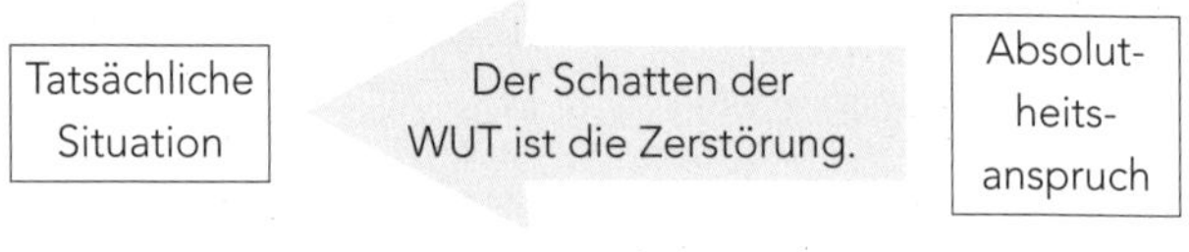

Ergebnis: Wir lenken unsere Wut gegen das, was ist, und erzeugen damit großen Schaden in unseren Beziehungen.

Doch auch Trauer hat einen Schattenausdruck. Statt zu positiver, letztendlich auch befreiender Annahme des

Unabänderlichen führt sie hier in die Resignation. Wir geben zwar jeden Versuch auf, den Chef zu verändern, doch wir hören auch auf, weiterhin mit seinen Stärken in Beziehung zu sein. Da er in diesem einen, für uns so zentralen Punkt anders ist, als wir es für richtig halten, entziehen wir ihm auch hier unseren Respekt. Dadurch verpassen wir die Chance, mit jenen Aspekten konstruktiv in Beziehung zu treten, die eigentlich ganz passabel sind. Ergebnis: Wir lenken unsere Wut gegen das, was ist, und erzeugen damit großen Schaden in unseren Beziehungen .

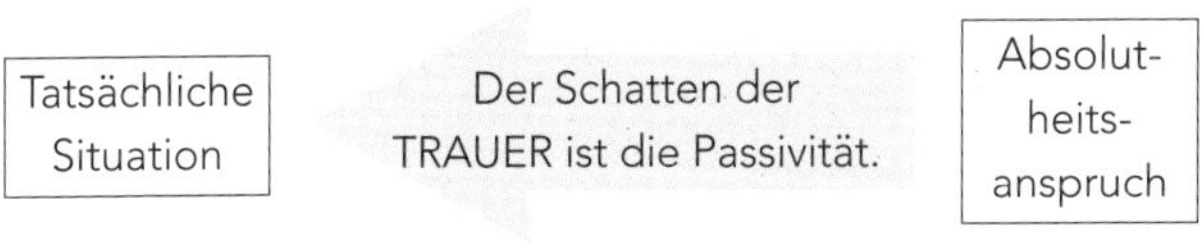

Ergebnis: Wir sind nicht bereit, uns überhaupt mit der Situation zu befassen, und resignieren.

Ähnlich verhält es sich bei dem Schattenausdruck der Angst. Oberflächlich scheinen beide sich gar zu gleichen: die Passivität der Trauer und die Lähmung der Angst. Der entscheidende Unterschied liegt darin, dass Trauer, wie bereits zuvor ausgeführt, ein entspannter, losgelöster Zustand ist, während Angst hochenergetisch ist. Das Gleiche zeigt sich im Schatten der beiden Gefühle: Während es sich bei der Passivität der Trauer um einen entspannten, geradezu schlaffen Zustand handelt, ist die Lähmung der Angst zwar genauso reglos, jedoch hochenergetisch geladen. Genau wie die anderen Schattenausdrücke richtet sich auch sie gegen die tatsächliche Situation.

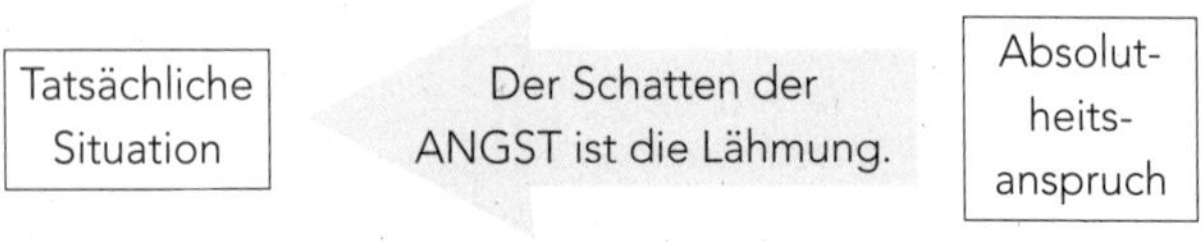

Ergebnis: Wir sind nicht bereit, uns überhaupt mit der Situation zu befassen, und verfallen in Lähmung.

Ähnlich wie die Angst ist auch Scham ein Gefühl, das viele Menschen nur in seinem Schattenausdruck kennen und daher ablehnen. Statt unser Verhalten auf konstruktive Weise zu hinterfragen und mit unseren eigenen Werten abzugleichen, verurteilen wir uns selbst pauschal. So wie wir sind, dürfte es uns eigentlich gar nicht geben, ist das vernichtende Urteil, das unbewusst viel Unheil anrichten kann. Diese negative Form von Scham verhindert einen angemessenen Umgang mit den eigenen Schwächen, da wir auch hier nicht mit ihnen in Beziehung treten. Nur wenn es uns gelingt, den Absolutheitsanspruch loszulassen, können wir uns selbst angemessen reflektieren und, je nach Situation, die Gefühle Wut, Angst, Freude und Trauer auf uns selbst anwenden.

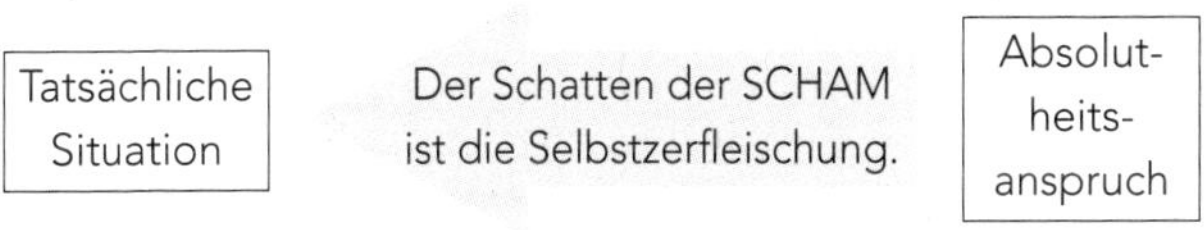

Ergebnis: Wir verurteilen uns selbst pauschal; statt differenziert zu reflektieren, verfallen wir in Selbstzerfleischung.

Doch was ist mit den zuvor erwähnten emotionalen Altlasten? Welche Rolle spielen sie, wenn es um Schattengefühle geht? Ist es das Gleiche oder nicht? Diesen und ähnlichen Fragen widmet sich das nächste Kapitel, bei dem es darum geht, Emotionen zu regulieren. Denn auch wenn wir Meister darin geworden sind, unseren Gefühlskompass je nach Situation neu auszurichten und die jeweils passenden Gefühle zu erzeugen, kommen wir hin und wieder in Situationen, wo der ganze Kompass aus dem Fenster fliegt. Es sind die bereits erwähnten Momente emotionaler Aktivierung, wo die Inhalte unseres emotionalen Rucksacks über die Amygdala kurzfristig die Steuerung über unser System übernehmen.

Reflexionsfragen

1. Welche der fünf Gefühle kennen Sie vor allem in ihrem Schattenausdruck?
2. Was ist Ihr Lieblingsabsolutheitsanspruch im Bezug auf Ihre Branche, Ihr Berufsbild oder Ihre Position?

9 | Emotionale Hygiene

Es gab eine Zeit, da war es alles andere als selbstverständlich, regelmäßig zu duschen, täglich die Zähne zu putzen oder mehrmals täglich die Hände zu waschen. Ich träume von einer Zeit, in der emotionale Hygiene so selbstverständlich Teil unserer Kulturfertigkeiten ist wie heute die körperliche Hygiene. Während körperliche Hygiene bei der Erhaltung der körperlichen Gesundheit eine übergeordnete Rolle spielt, kommt der emotionalen Hygiene eine ebenso große Rolle bei der Erhaltung der emotionalen Gesundheit zu – und zwar sowohl bei Individuen als auch bei ganzen Beziehungssystemen. Emotionale Hygiene verhindert, analog zur körperlichen Hygiene, Ansteckungen oder Kettenreaktionen. Doch was ist emotionale Hygiene überhaupt?

Ein Schlüssel ist die bereits mehrfach erwähnte Unterscheidung von Gefühlen und Emotionen. Hierbei ist es mir, ehrlich gesagt, herzlich egal, welcher Begriff für was verwendet wird. Ausschlaggebend ist, dass wir lernen, in unserem inneren Erleben das eine vom anderen zu trennen, da mit beidem sehr anders umgegangen werden muss. Genau das erscheint anfangs sehr schwierig, doch mit etwas Übung kristallisiert sich der Unterschied immer klarer heraus, bis wir uns wirklich nichts mehr vormachen können.

Als Startpunkt ist folgende Feststellung hilfreich: Wenn es unpraktisch ist und Probleme verursacht, ist es keine reine Gefühlskraft. Eine reine Gefühlskraft – Wut, Trauer, Freude, Angst oder Scham – entsteht aus dem Moment heraus in angemessener Intensität. Zuweilen kann die benötigte Dosis Gefühl so gering sein, dass wir es gar nicht als Gefühl wahrnehmen, denn Gefühle, vor allem die sogenannten negativen, werden ja gern so lang wie möglich ausgeblendet.

Der zuvor erwähnte Mitarbeiter aus dem Einkauf nimmt sich selbst vielleicht gar nicht als wütend wahr, wenn er im ersten Beispiel genau die angemessene Dosis Wut fabriziert und diese einsetzt, um den Sachverhalt zu klären. Unser Bild wütender Menschen ist vielfach von unkontrollierten Wutausbrüchen geprägt. Tatsächlich handelt es sich bei solchen Ausbrüchen immer um Emotionen, schlimmstenfalls verknüpft mit einem Schattengefühl – das im Fall der Wut höchst zerstörerisch ist.

Die emotionalen Altlasten von Führungskräften und Mitarbeitern spielen heute in vielen Unternehmen eine unheilvolle Rolle. Anders als früher lassen sich Mitarbeiter heute immer weniger als emotionale Mülleimer missbrauchen. Früher war es ganz normal, dass der hierarchisch Höhergestellte seine emotionalen Spannungen an einem untergeordneten Mitarbeiter ausließ.

Auch heute kommt das noch oft genug vor, doch es wird immer weniger als legitim anerkannt. Während es früher den Status des Chefs betonte, verliert eine Führungskraft heute an Ansehen, wenn sie sich in dieser Weise gehen lässt. Das bedeutet, dass Führungskräfte heute gefordert sind, einen neuen Umgang mit emotionalen Spannungen zu entwickeln.

Grundlagen emotionaler Hygiene

1. Lernen Sie, emotionale Aktivierung zu erkennen.
2. Übernehmen Sie Verantwortung für Ihren emotionalen Rucksack.
3. Praktizieren Sie regelmäßig bewusste Entladung.
4. Entladen Sie nicht bei der Person, die Sie aktiviert hat.

Doch wie gehen wir angemessen mit Emotionen um? Was können wir tun, wenn die emotionale Steuerung versagt? Welche Schritte sind notwendig, um diese wieder in den Griff zu bekommen? Hier kommt die emotionale Hygiene ins Spiel, deren Grundlagen im Kasten in vier Punkten zusammengefasst sind. Wie viele grundlegende Fertigkeiten ist emotionale Hygiene an sich eine sehr einfache Angelegenheit. Die Umsetzung erfordert jedoch gerade zu Anfang viel Geduld und konsequente Praxis. Wir können unsere emotionalen Gewohnheiten nicht von jetzt auf gleich verändern, doch Schritt für Schritt kann uns der Wandel zu einem neuen Umgang mit unserem emotionalen Gepäck gelingen. Der Nutzen für unsere Beziehungen, sowohl beruflich als auch privat, ist immens.

> **Merkmale emotionaler Aktivierung**
>
> 1. Tunnelblick
> 2. Gesteigerte Pulsfrequenz
> 3. Flacher Atem
> 4. Veränderte Stimme
> 5. Anspannung im Solarplexusbereich
> 6. Starke Emotionalität oder Taubheit
> 7. Unangemessene Gefühlsintensität
> 8. Gedankenkarussell
> 9. Irrationalität

Schlüsselkompetenz 1, **Emotionale Aktivierung erkennen,** bedeutet, dass ich lerne zu unterscheiden, wann ich emotional aktiviert bin und wann ich es mit einem Gefühl zu tun habe. Der Zustand emotionaler Aktivierung äußert sich bei jedem Menschen etwas anders. Der Kasten listet eine Reihe von Symptomen auf, die viele Menschen bei sich beobachtet haben, wenn sie emotional aktiviert sind. Diese Symptome variieren je nach Typ, Situation und Art der emotionalen Aktivierung. Es müssen also nicht alle zugleich auftreten, um von einer emotionalen Aktivierung sprechen zu können. Mal sind es eben starke emotionale Reaktionen, die eindeutig über das Ziel hinausschießen. Es kann aber genauso plötzliche Taubheit sein, ein inneres Ausklinken aus der Situation. Egal welche Symptome vorhanden sind: Es handelt sich auf jeden Fall um einen Ausnahmezustand, in dem wir nicht fähig sind, so zu handeln, wie wir es normalerweise gern tun. Anders ausgedrückt: Wir sind nicht wirklich wir selbst.

Gerade zu Anfang ist es nahezu unmöglich, in der Situation selbst zu erkennen, was geschieht. Das erfordert Übung. Es ist normal, dass wir zunächst erst im Nachhinein merken, dass wir mal wieder die Steuerung über unser System verloren haben und nicht so reagieren konnten, wie uns das eigentlich entsprechen würde. Mein Tipp: Freuen Sie sich jedes Mal, wenn es Ihnen auffällt, auch wenn es nach der Situation ist. Wenn Sie dranbleiben, wird es Ihnen von Mal zu Mal ein bisschen früher gelingen, die Situation zu erkennen, bis Sie eines Tages wirklich inmitten einer emotionalen Aktivierung fähig sind, genau zu erkennen, was läuft, und entsprechend zu handeln.

Ein weiterer wichtiger Aspekt dieses ersten Lernschritts ist es, auch bei anderen emotionale Aktivierung zu erkennen. Das kann uns helfen, angemessen damit umzugehen. Viele Menschen spüren intuitiv, wenn ihr Gegenüber emotional aktiviert ist, und reagieren unbewusst darauf. Sie passen das eigene Verhalten an, werden vorsichtiger in ihren Formulierungen oder gehen dem anderen aus dem Weg. Neben dieser intuitiven Wahrnehmungsebene können wir einige der im Kasten aufgelisteten Symptome auch gut bei anderen erkennen, wie etwa die Irrationalität, die veränderte Stimmlage oder die unangemessene Intensität der emotionalen Reaktion. Das ist der erste Schritt, um auch bei anderen einen neuen, angemesseneren Umgang damit zu entwickeln.

Schlüsselkompetenz 2, **Verantwortung für den eigenen emotionalen Rucksack übernehmen,** ist leichter gesagt als getan. Theoretisch ist es logisch: Es sind Ihre emotionalen Altlasten, Sie sind dafür verantwortlich, klar. Leider ist das ein Bereich, wo der berühmte Sprung von der Theorie in die Praxis noch ein bisschen größer ist als sonst. Wenn wir erst emotional aktiviert sind, würden die meisten von uns die Hand dafür ins Feuer legen, dass nicht wir, sondern der Auslöser der Aktivierung für unseren Zustand verantwortlich ist. Es fühlt sich eindeutig so an und entspricht unserem Erleben: Wäre der Kollege nicht zum zehnten Mal zu spät zur Besprechung erschienen, wäre ich nicht so gereizt. Sich einzugestehen, dass der Auslöser nicht mehr als ein Auslöser ist und dass die emotional unangemessene Reaktion mein eigenes Gepäck ist, für das ich demnach verantwortlich bin, erfordert ein hohes Maß an Reife und Selbsterkenntnis. Das bedeutet natürlich nicht, dass wir uns alles gefallen lassen sollen und ab jetzt jedes Ärgernis mit uns selbst ausmachen. Es bedeutet lediglich, dass wir sauber zwischen einer gesunden Wutkraft unterscheiden, die sich für eine Verbesserung der Besprechungskultur einsetzt, und einer emotionalen Entladung, die Unpünktlichkeit zum Anlass für eine unkontrollierte Entladung nimmt.

Die dritte Kompetenz, die **bewusste Entladung,** ist meines Erachtens der wichtigste Aspekt emotionaler Hygiene. Hier geht es darum, dass wir bewusst Strategien entwickeln und einsetzen, um unsere emotionalen Altlasten in einem Rahmen zu entladen, in dem es nicht zu Kettenreaktionen oder Retraumatisierungen kommt.

Hierfür gibt es unterschiedliche Methoden, und jeder Mensch entwickelt im Lauf seines Lebens ganz automatisch solche Strategien – von denen jedoch manche mehr und manche weniger effektiv oder gesund sind. Das Feierabendbier oder die Pausenzigarette sind Beispiele emotionaler Beruhigungsstrategien, die langfristig emotional wie körperlich problematische Auswirkungen haben. Anders verhält es sich mit dem Besuch im Fitnessstudio oder vergleichbaren Strategien, sich körperlich auszupowern.

Am effektivsten sind meiner Erfahrung nach jedoch Strategien, die direkt auf der emotionalen Ebene ein Ventil bieten, also nicht den Umweg über den Körper oder den Geist wählen. Eine konkrete Praxis, die sich in meinem Leben und dem vieler anderer Menschen bewährt hat, werde ich im nächsten Kapitel detailliert vorstellen. Doch zuvor möchte ich noch auf die vierte Schlüsselkompetenz emotionaler Hygiene eingehen: **nicht bei der Person zu entladen, die uns aktiviert hat.** Dieses Grundprinzip erfordert, dass die Kompetenzen eins bis drei verinnerlicht wurden, denn das gelingt uns nur, wenn wir erstens emotionale Aktivierung erkennen, zweitens Verantwortung dafür übernehmen und drittens wissen, wie wir die aktivierte Altlast gut entsorgen können. Dieses vierte Prinzip ist wichtig, um emotionale

Kettenreaktionen zu unterbinden, die im beruflichen Alltag dazu führen können, dass die emotionale Steuerung ganzer Teams ausgehebelt wird.

Emotionale Aktivierung ist ansteckend. Kehren wir noch einmal zu dem Beispiel des chronisch unpünktlichen Kollegen zurück, der bei Ihnen so richtig die Knöpfe drückt. Über kurz oder lang merken Sie, dass Sie schon zwei Minuten vor Besprechungsbeginn in einen Anspannungszustand geraten, weil Sie schon wissen, dass der Kollege wieder nicht pünktlich auftauchen wird. Wenn der Kollege dann zehn Minuten nach Beginn der Besprechung mit einem freundlichen Lächeln im Gesicht beherzt die Tür zum Sitzungssaal öffnet, können Sie nicht mehr an sich halten und sehen auch gar keinen Grund dazu: Sie sagen ihm einfach mal gehörig die Meinung und entladen Ihren Frust. Das kann ein Wutausbruch sein, kann aber auch in Form von einigen spitzen Bemerkungen über Professionalität und Respekt vor den Teammitgliedern erfolgen, die allerdings so richtig fies sarkastisch wehtun.

Wenn der Kollege nicht geschult ist, emotionale Aktivierung zu erkennen und nicht persönlich zu nehmen, wird er umgehend selbst aktiviert werden. Seine gute Laune wird dahin sein, er wird selbst in einen Ausnahmezustand geraten und je nach Typ sich in kalte Pseudoprofessionalität zurückziehen, zurückgifteln oder auch einen Wutausbruch haben. Die anderen Teammitglieder werden schlimmstenfalls auch noch aktiviert und sich ebenso typabhängig in ihr Schneckenhaus zurückziehen oder sich auf eine Seite schlagen und die Gelegenheit zu einer eigenen Entladung nutzen, um nur zwei mögliche Reaktionsmuster zu nennen.

Nun habe ich hier bewusst ein relativ harmloses Beispiel gewählt, auch wenn chronische Unpünktlichkeit natürlich ein Problem sein kann. Doch es gibt wesentlich gravierendere Fälle emotionaler Aktivierung. Das Grundschema emotionaler Kettenreaktionen ist und bleibt jedoch das gleiche. Es gilt: Wenn einer emotional aktiviert ist und dies bei dem Auslöser auslässt, ist die Wahrscheinlichkeit groß, dass auch der andere aktiviert wird, da er sich unangemessen angegriffen fühlt.

Wenn diese und ähnliche Dynamiken über einen längeren Zeitraum unkontrolliert ablaufen, kann dies den Beziehungsraum zwischen den Beteiligten so vergiften, dass eine konstruktive Zusammenarbeit nicht mehr möglich ist. Im Extremfall bleibt dann nur die Kündigung oder die Versetzung in eine andere Abteilung, was oft mit hohen Verlusten von Know-how und gewachsenen Beziehungsstrukturen einhergeht. Das ist schlimm, doch beinahe noch schlimmer ist der Fall, wenn einer der Beteiligten oder sogar mehrere so wichtige Know-how-Träger für das Unternehmen sind, dass auf sie nicht verzichtet werden kann. Das bedeutet, dass alle irgendwie mehr schlecht als recht versuchen, mit den emotionalen Entladungen zu leben, jedoch die Zusammenarbeit massiv gestört ist, was für alle einen hohen

Leidensdruck bedeutet, der dazu führen kann, dass andere Mitarbeiter in der Abteilung nicht zu halten sind.

Um dem vorzubeugen ,spielt die regelmäßige Praxis bewusster Entladung eine übergeordnete Rolle. Diese kann ein fester Bestandteil von Teampraxis sein oder kann von einzelnen Mitarbeitern und Führungskräften innerhalb oder außerhalb des Unternehmens praktiziert werden. Ob Ersteres oder Zweiteres mehr Sinn macht, hängt vor allem von der emotionalen Kompetenz des Unternehmens, also von der Unternehmenskultur ab, die ja zudem noch von Team zu Team stark variiert. Bevor wir uns diesem Thema genauer zuwenden, möchte ich im nächsten Kapitel die Praxis bewusster Entladung genauer unter die Lupe nehmen.

Reflexionsfragen

1. Wie groß ist Ihr emotionaler Rucksack?
2. Denken Sie an ein paar Kollegen, mit denen Sie eng zusammenarbeiten, und versuchen Sie die Größe Ihres emotionalen Rucksacks abzuschätzen.
3. Für Mutige: Gleichen Sie Ihre Wahrnehmung zu Punkt 1 und 2 mit anderen Kollegen ab.

10 | Bewusste Entladung

Der Umgang mit emotionalen Altlasten im Alltag ist für uns alle eine Herausforderung, beruflich wie privat, ob wir uns dessen bewusst sind oder nicht. Manchen gelingt es besser, ihre emotionalen Ladungen unter Verschluss zu halten, als anderen. Das hat mit der Größe ihres emotionalen Rucksacks zu tun und damit, wie gut sie gelernt haben, ihre Ladungen unter Verschluss zu halten. Außerdem gibt es große kulturelle Unterschiede, welcher Umgang als angemessen betrachtet wird und welcher nicht – sowohl global betrachtet als auch im Sinn der Unternehmenskultur. Doch unabhängig von all diesen Faktoren gibt es in jedem Menschen und in jedem sozialen Gefüge einen Grundkonflikt zwischen der Notwendigkeit, emotionale Altlasten zu entladen, und der Belastbarkeit der Beziehungen. Anders ausgedrückt: Aus Sicht unseres emotionalen Systems ist es gut, richtig und wichtig, emotionale Altlasten zu entladen. Tun wir dies nicht, werden wir über kurz oder lang krank. Aus Sicht unserer Beziehungen ist es jedoch sehr problematisch, wenn diese Entladungen unkontrolliert passieren.

Das bedeutet, dass jeder Mensch unbewusst ein Casting laufen hat, das nach Menschen und Situationen

Aussicht hält, die zu Päckchen in unserem emotionalen Rucksack passen. Wenn eine Übereinstimmung gefunden wurde – wie in dem bereits mehrfach zitierten Beispiel die Ähnlichkeit zwischen Chef und Vater –, dann ist das aus Sicht unseres emotionalen Rucksacks ein Erfolg. Endlich haben wir die Gelegenheit, diesen alten Mist mal rauszulassen! Wenn Sie diesem Impuls dann auch noch ungehemmt nachgeben, kann Sie dies allerdings Ihren Job kosten. Wenn Sie sich noch am Riemen reißen und statt dem Chef die Meinung zu sagen, doch lieber eine Zigarettenpause einlegen, haben Sie zwar Ihren Job gerettet, die Ladung in Ihrem Rucksack ist jedoch gerade noch ein bisschen größer geworden, und Ihrer Gesundheit haben Sie auch keinen Dienst erwiesen.

Genau hier kommt die Rolle der bewussten Entladung ins Spiel. Sie ist die beste Möglichkeit, die ich kenne, um den Konflikt zwischen der Agenda unseres emotionalen Rucksacks und unserem Wunsch nach funktionierenden Beziehungen zu lösen. Sie hat zudem den Vorteil, dass sie eine Verarbeitung und Neusortierung des ursprünglichen Erlebens ermöglicht, sodass nicht immer wieder dasselbe Paket in uns aktiviert wird.

Die bislang beste und einfachste Methode, die ich dafür kennengelernt habe, besteht darin, dass ein Mensch meines Vertrauens mir fünf oder bei Bedarf auch mal mehr Minuten Anteilnahme schenkt und ich in dieser Zeit ungefiltert rauslasse, was gerade in mir emotional los ist. Die Anteilnahme des anderen ermöglicht es mir, auch schwierige Emotionen zuzulassen, ohne überfordert zu sein, was wiederum eine Neusortierung des Erlebten zur Folge hat. Geschützt wird der Rahmen durch die Vereinbarung, dass mein Gegenüber weder mit mir noch mit jemand anderem über das Gesagte spricht. Im Anhang finden Sie eine genaue Anleitung für diese Praxis aus meinem Buch *Gefühle & Emotionen – Eine Gebrauchsanweisung*.

An dem anfangs eingeführten Beispiel möchte ich die Wirkungsweise der bewussten Entladung verdeutlichen. Sie erinnern sich: Ihr Vater schenkte Ihnen, genau wie Ihr Vorgesetzter, zu wenig Wertschätzung, übte häufig Kritik und ließ Sie mit Ihren Bedürfnissen allein. Heute reagieren Sie in Situationen, wo Ihr Vorgesetzter sich so verhält, unangemessen. Im Rahmen einer bewussten Entladung würden Sie zunächst einfach mal Dampf ablassen, was sich durchaus in wüsten Beschimpfungen Ihres Vorgesetzten äußern kann. Dabei würden Sie auch auf Ihre Absolutheitsansprüche stoßen, zum Beispiel: „Eine moderne Führungskraft sollte sich nicht so verhalten." Wenn Sie mit Ihrer Aufmerksamkeit bei der inneren Zündschnur bleiben, wird diese Sie zu dem dazugehörigen Paket in Ihrem Rucksack führen. Dabei kann es auch zu einer Erkenntnis darüber kommen, was der Ursprung der Ladung ist, doch das ist nicht zwingend notwendig. Viel wichtiger ist es, den Fokus vom Absolutheitsanspruch zum Bedürfnis zu verlagern. Was würden Sie sich wünschen? Eine Führungskraft, die auch ein Ohr für die Anliegen und Sichtweisen ihrer Mitarbeiter hat? Ein Arbeitsumfeld, in dem auch Kritik wertschätzend kommuniziert wird, ohne den anderen abzuwerten?

In dem Moment verändert sich die Qualität der Entladung. Aus Wut wird Trauer: „Schon damals habe ich nicht bekommen, was ich brauche, und auch heute bekomme ich es nicht." Durch die Anteilnahme des Gegenübers kann ich diese Trauer zulassen und damit annehmen, wie es war und ist. Nachdem die Entladung geschehen ist, habe ich einen neuen Blick für die Situation. Ich habe mich durch die bewusste Entladung aus der Perspektive eines Kindes in die eines Erwachsenen bewegt.

Aus dieser wiedergewonnenen Erwachsenenperspektive habe ich wieder Zugriff auf meinen Gefühlskompass und kann neu entscheiden, wie ich mit der Situation in Beziehung treten möchte. Möchte ich handeln, also Wutkraft einsetzen? Wenn ja, will ich das Thema mit meinem Vorgesetzten ansprechen oder die Kündigung einreichen, da hier Hopfen und Malz verloren sind? Oder möchte ich die Situation annehmen, wie sie ist, da weder mein Chef noch die Situation derzeit zu verändern ist, also auf Trauerkraft zugreifen? Oder ist es ein anderes Gefühl aus dem Kompass, das mir jetzt am meisten weiterhilft?

Wer jetzt denkt, dass dieser Prozess einer ausgewachsenen Therapiestunde gleicht und im Rahmen eines modernen Unternehmens sicher nicht Zeit ist, um Nabelschau zu betreiben, der irrt meines Erachtens gewaltig. Der soeben beschriebene Prozess spielt sich mit etwas Übung innerhalb von Minuten ab. Diese Minuten sind gut investierte Zeit, wenn wir bedenken, wie unendlich viel Zeit und Energie in Unternehmen verschwendet wird, weil Mitarbeiter und Führungskräfte ihre emotionalen Ladungen nicht im Griff haben.

Meiner Erfahrung nach reichen in den meisten Fällen fünf Minuten pro Tag, um eine ausreichende emotionale Hygiene zu gewährleisten. Ich vergleiche hier auch wieder gern mit dem täglichen Zähneputzen. Es ist selbstverständlich, da ich weiß, dass meine Zähne täglich schmutzig werden. Ich muss nicht abwarten und morgen Abend nachsehen, ob ich sie putzen muss. Genauso verhält es sich mit der emotionalen Hygiene: Ich muss nicht abwarten, bis ich emotional aktiviert bin, um einen Raum für bewusste Entladung zu schaffen. Wenn ich gegessen habe, muss ich Zähne putzen, wenn ich intensiven Kontakt mit Menschen hatte, muss ich höchstwahrscheinlich entladen. So einfach ist das. Ich kann also getrost vorsorglich regelmäßig bewusste Entladungsräume einplanen – entweder nach Feierabend mit meinem Lebengefährten oder mit einem Kollegen, der das gleiche Anliegen hat.

Nun ist es natürlich so, dass ich nicht in jedem Moment, wo ich emotional aktiviert werde, die Möglichkeit habe, emotional zu entladen. Zwar gibt es Teams, die in ihre Teamkultur integriert haben, Meetings für kurze Entladungsräume zu unterbrechen, doch das ist noch eine winzige Minderheit und weit von dem derzeitigen Standard emotionaler Kompetenz in Unternehmen entfernt. Daher ist es wichtig, dass wir lernen, Emotionen auch zu parken.

Emotionen parken bedeutet, dass ich emotionale Ladungen, die aktiviert wurden, vorübergehend zur Seite stellen kann, ohne sie zu unterdrücken. Es ist wie ein innerer Pauseknopf, den ich drücken kann, wenn ich eine emotionale Aktivierung bei mir selbst erkannt habe und derzeit nicht der passende Rahmen vorhanden ist, um diese zu entladen. Parken unterscheidet sich von der Unterdrückung darin, dass ich bei der Unterdrückung vor allem bemüht bin, das aktivierte Paket so schnell wie möglich wieder ganz tief in meinen Rucksack hineinzustopfen. Wenn ich Ladungen parke, stelle ich sie bewusst zur Seite – bildlich gesprochen, trage ich sie eine Weile unter dem Arm statt im Rucksack –, bis ich sie bewusst entladen kann. Das Parken hilft mir, in der aktuellen Situation handlungsfähig zu bleiben, die spätere Entladung ist notwendig, damit sich nicht die gleiche Aktivierung in einer Endlosschleife wiederholt.

Nun bin ich mit der Beschreibung jener Grundfertigkeiten, die ich als emotionale Kompetenz betrachte, zu einem Ende gelangt. Vieles von dem, was ich hier beschrieben habe, kann von jedem Einzelnen direkt auf den eigenen Alltag und Stück für Stück auch in gelebte Praxis übertragen werden. Doch wir alle sind in Systeme eingebettet, in denen eine bestimmte Kultur herrscht, die unser Miteinander prägt und unsere eigenen Entwicklungsmöglichkeiten mitbestimmt. In vielen Unternehmen ist diese Kultur heute noch auf einem sehr rudimentären Stand, was emotionale Kompetenz betrifft. Positiver formuliert: Es gibt hier noch richtig viel Entwicklungspotenzial.

Teil IV widmet sich der Frage, wie emotionale Kompetenz transformiert: die Führung, Teams und schließlich ganze Unternehmen. Ein wichtiger Aspekt dieser Transformation ist die Nutzung kollektiver Intelligenz, die erst durch die Verbindung jedes Einzelnen mit seiner eigenen Lebendigkeit möglich wird.

Reflexionsfragen

1. Wie gehen Sie in der Regel mit emotionaler Aktivierung um?
2. Mit wem aus Ihrem beruflichen oder privaten Umfeld könnten Sie sich vorstellen, regelmäßig bewusste Entladung zu praktizieren?
3. Welche Bedenken haben Sie, wenn Sie darüber nachdenken, bewusste Entladung mit dieser Person zu praktizieren? Mit welchen Hindernissen ist möglicherweise zu rechnen?

Teil IV

Wie emotionale Kompetenz transformiert

11 | Führen mit Herz und Verstand

Die Entwicklung emotionaler Kompetenz kann jeder Einzelne bei sich beginnen und dadurch die Entwicklung einer emotional kompetenten Unternehmenskultur vorantreiben. Doch immer sind es auch die Führungskräfte – die offiziellen wie die inoffiziellen –, die einen maßgeblichen Einfluss auf die Entwicklung einer Unternehmenskultur haben. Dieses Kapitel ist daher dem Thema „Führen mit Herz und Verstand" gewidmet.

Unser Führungsverständnis ist heute einem grundlegenden Wandel unterworfen. War früher noch die hierarchisch klar überlegene, patriarchal klassisch starke Führung das Maß aller Dinge, gewinnen zunehmend andere Führungsbilder an Bedeutung. Heute geht es mehr um die viel gerühmten Soft Skills. Statt Macht und Kontrolle über andere auszuüben, steht heute die Fähigkeit im Vordergrund, andere zu ermächtigen, im Unternehmen ihr Bestes zu geben. „Macht mit" ersetzt „Macht über", Kooperationsfähigkeit schlägt Konkurrenzdenken, denn nur so können Führungskräfte Menschen dabei unterstützen, effektiv zusammenzuarbeiten.

So toll sich das alles anhört: In der Praxis scheitern viele Führungskräfte mit schöner Regelmäßigkeit an diesem Anspruch. Sie merken, dass die alten Strategien nicht mehr greifen, für die neuen Führungsansätze fehlen jedoch oft die Vorbilder. Zu allem Überfluss findet sich in den meisten Unternehmen eine wüste Mischung aus altem Macht- und Konkurrenzdenken und jüngerem Kooperationsanspruch. Und auch wenn es sich gerade so anhört: Die Trennlinie erfolgt nicht immer entlang der Generationsgrenzen. Es gibt Führungskräfte der älteren Generation, die erstaunlich progressiv führen, genau wie es junge Führungskräfte gibt, denen Ellbogentechnik scheinbar in die Wiege gelegt wurde. Und doch gibt es einen evolutionären Druck, der sich klar in der jüngeren Generation verorten lässt. Diese Generation kann es sich leisten, sich ihren Arbeitgeber auszusuchen, und sie hat ein völlig anderes Verständnis von Führung und Zusammenarbeit.[18]

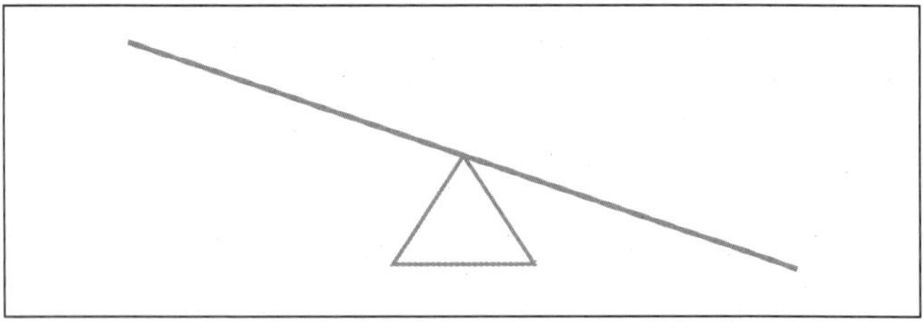

Die Abkehr von dem alten, primär hierarchisch definierten Führungsbild ist nur eine Erscheinungsform eines umfassenderen Wertewandels in der Gesellschaft, der unser Beziehungsideal ganz allgemein betrifft. Ich beschreibe diesen Wandel gern mit zwei Bildern. Das erste Bild beschreibt das klare Machtgefälle, das bis vor relativ kurzer Zeit noch fast alle wichtigen Beziehungen, beruflich wie privat, definierte: Mann–Frau, Eltern–Kind, Lehrer–Schüler, König–Untertan, Chef–Mitarbeiter, Arzt–Patient etc. In all diesen Beziehungskonstellationen war klar geregelt, wer auf der Machtwippe oben sitzt und wer unten.

Dieses Arrangement hatte eindeutige Vorteile, vor allem wenn es zu Konflikten kam. Hier war klar vorgegeben, wer das Sagen hat und wer wem Folge zu leisten hatte. Außerdem war definiert, wer wen als emotionalen Mülleimer benutzen durfte: der Chef den Mitarbeiter, der Mann die Frau, die Eltern das Kind, der Lehrer den Schüler etc. Doch es hatte auch gravierende Nachteile: Machtkämpfe standen an der Tagesordnung, echte Kooperation war kaum möglich, und die Kompetenz oder Qualität der Niedriggestellten hatte im System keine Stimme. Die Folge waren und sind Familien oder Schulen, die nicht kindgerecht sind, und eine ganze Weltordnung, der die weibliche Sicht auf Dinge nach wie vor schmerzlich fehlt, um nur zwei Beispiele zu nennen.

Auch in Unternehmen hat sich gezeigt, dass die fehlende Perspektive der hierarchisch Niedriggestellten fatale Folgen haben kann. Ein gut belegtes Beispiel ist die Serie von Flugzeugabstürzen der Korean Airways in den Neunzigerjahren. Diese konnten nach eingehenden Recherchen nur auf eine Ursache zurückgeführt werden: das extreme Machtgefälle zwischen Hierarchieebenen in der koreanischen Kultur. Dieses führte dazu, dass die Zusammenarbeit von Pilot und Kopilot dermaßen gestört war, dass selbst in Situation auf Leben und Tod essenzielle Informationen nicht kommuniziert werden konnten.[19] In jüngster Zeit macht der Abgasskandal des Volkswagenkonzerns Schule, den Analysten auf die extrem hierarchischen Konzernstrukturen zurückführen.[20]

Nun ist seit einiger Zeit, vor allem in den wohlhabenden Industrienationen, ein neues Beziehungsideal auf dem Vormarsch: das Ideal gleichwertiger Beziehungen oder Beziehungen auf Augenhöhe, wie sie auch oft genannt werden. Dieses neue Ideal beschreibe ich gern mit folgendem Bild:

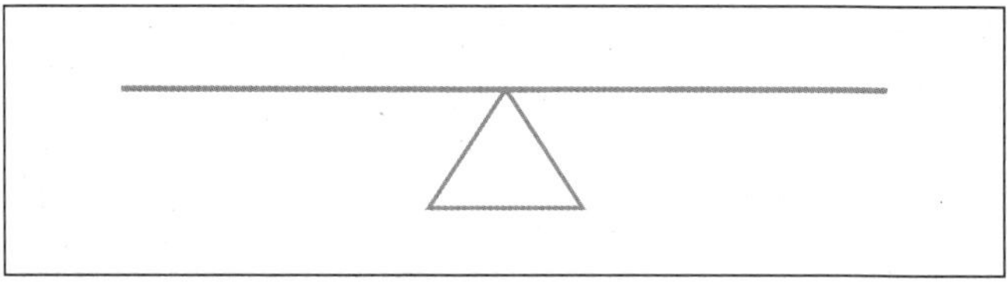

Um eines klarzustellen: Es geht hier nicht um Gleichmacherei. Wir dürfen Gleichwertigkeit nicht mit Gleichheit verwechseln. Bei dem neuen Beziehungsideal geht es vielmehr darum, unsere Unterschiede anzuerkennen, zu würdigen und auf einer Basis von Respekt kooperativ zu verbinden, statt uns in Machtkämpfen aufzureiben. Konkret bedeutet das, dass es auch in diesem neuen Beziehungsparadigma unterschiedliche Rollen gibt, wie etwa Eltern–Kind, Lehrer–Schüler, Mann–Frau, Chef–Mitarbeiter und dass diese unterschiedliche Aufgaben haben.

Am weitesten fortgeschritten ist die Wandlung unserer Beziehungen in der Mann-Frau-Beziehung. Es lässt sich sicher darüber streiten, ob unsere Fortschritte in diesem Bereich angesichts der hohen Scheidungsraten wirklich ein gutes Argument bieten, diesen Wandel auch auf andere Beziehungen auszuweiten. Doch das ist müßig, denn dieser ist unbestreitbar gegeben und so lang unaufhaltsam, wie unsere Gesellschaft sich weiter auf einem so hohen Niveau von Sicherheit, Komfort und Wohlstand bewegt. Ich persönlich halte unser andauerndes Scheitern in diesem Bereich für das Merkmal eines Lernprozesses, der mit viel Stolpern und Fehltritten einhergeht, der uns jedoch offenbar so wichtig ist, dass wir unsere engsten Beziehungen dafür aufs Spiel setzen.

Und der Wandel ist längst in vollem Gange: Eltern suchen heute mehr denn je den Dialog mit ihren Kindern, statt ihnen irgendwelche Regeln hinzuknallen. Schüler fordern zunehmend, von ihren Lehrern respektiert zu werden – und immer mehr Lehrer wünschen sich ein anderes Lernklima. Bürger fordern mehr Mitbestimmung denn je zuvor. Patienten kommen zum Arzt und haben dank Google bereits eine Liste möglicher Diagnosen dabei, die sie mit dem Mediziner fast schon kollegial debattieren wollen, genau wie der Gläubige heute in der

Kirche die Auseinandersetzung mit Glaubensfragen sucht, statt ein stures Vorbeten der Zehn Gebote.

Auch global beobachten wir eine solche Veränderung der Machtverhältnisse. Das Ende der amerikanischen Hegemonie zeichnet sich deutlicher ab als je zuvor, und ein Ersatz ist nicht in Sicht. Die einzige tragbare Alternative besteht langfristig in der Weiterentwicklung unserer Kooperationsfähigkeit, auch wenn die Verlockung, kurzfristig auf einfache Antworten zurückzugreifen, groß ist. Dies sind nur einige Beispiele, die jedoch die Tragweite dieses Wandels erahnen lassen. Wer sich stärker mit diesem Phänomen auseinandersetzen möchte, findet in Moisés Naíms *The End of Power* ein hervorragend recherchiertes Buch, das diesen Wandel auf beeindruckende Weise in allen Bereichen der Gesellschaft belegt.[21]

Doch was bedeutet das für Führungskräfte der heutigen Zeit? Entsprechend dieser Entwicklung wollen Mitarbeiter Führungskräfte, die dank echter, kompetenzbasierter Autorität und Teamfähigkeit überzeugen und sich nicht hinter der Rangbezeichnung verstecken, die ihre Visitenkarte schmückt. Anders ausgedrückt: Führung muss heute mehr denn je ein Dienst am System sein, also auch an den Menschen, die geführt werden. Wenn dieser Dienst den Mitarbeitern einen spürbaren Vorteil bringt, etwa weil er ihnen durch Koordination, Inspiration, Kompetenz oder Mediation die Zusammenarbeit erleichtert, dann wird diese Führung gewollt sein.

Eine Führung, deren Selbstverständnis jedoch darin liegt, die Mitarbeiter zu kontrollieren, zu maßregeln, zu belohnen und zu strafen, wird zunehmend um ihre Berechtigung ringen.

Konkret bedeutet dies, dass anstelle der alten Tugenden von Durchsetzungsvermögen, Gehorsam und Selbstsicherheit neue Tugenden treten bzw. diese sich entscheidend verändern. Mindestens genauso wichtig wie Durchsetzungsvermögen ist heute Dialogfähigkeit, also die Fähigkeit, auch konträre Sichtweisen in der Tiefe zu verstehen und die Spannung zwischen beiden auszuhalten. Globale Matrixorganisationen sind ohne Dialog- und Kooperationsfähigkeit nicht tragbar. Und wichtiger als Disziplin sind das Vorleben und Einfordern echter Verantwortung, die ein hohes Maß an Selbstdisziplin fordert und fördert.

Selbstsicherheit weicht echter Souveränität, die auch Verletzlichkeit, Unsicherheit und Schwächen zeigen kann. Eine Führungskraft, die heute sagen kann „Ich weiß es nicht" macht den Raum frei für die Kompetenz anderer oder für die gemeinsame Erforschung möglicher Lösungen an den Grenzen des kollektiven Wissens. Eine Führungskraft, die auch Unsicherheit zeigen kann, lädt Mitarbeiter ein, selbst Verantwortung zu übernehmen, und darüber hinaus, sich genauso in ihrer Menschlichkeit zu zeigen. Dazu gehört außerdem, weiche Gefühle zu zeigen, die im alten Paradigma mit Schwäche assoziiert waren, wie Trauer, Angst oder Scham.

All das ist zunächst sehr neu und fremd, bedeutet es doch, die gewohnte Pseudosicherheit von „Macht-über"-Denken hinter sich zu lassen und verletzlich zu werden. Das erfordert vor allem Mut, es erfordert, von unseren sicheren Marmorsockeln herunterzusteigen und berührbar zu werden. Ein wichtiger Schlüssel kann sein, Verletzlichkeit neu zu begreifen und die Stärke darin zu erkennen. Ein wunderbares Plädoyer hierfür lieferte die US-amerikanische Soziologieforscherin Brené Brown in ihrem TED Talk aus dem Jahr 2010, der mit über 30 Millionen Klicks zu den erfolgreichsten Aufzeichnungen der Vortragsreihe gehört. Sie fasst die Erkenntnisse ihrer jahrelangen Forschungsarbeit über Verletzlichkeit in folgendem Statement zusammen: „Verletzlichkeit hört sich wahr an und fühlt sich mutig an. Wahrheit und Mut sind nicht immer angenehm, doch sie sind niemals schwach." [22]

Schwach oder nicht: Für die meisten Führungskräfte dürfte sie mehr als ungewohnt sein. Umso wichtiger ist es, nichts zu überstürzen und Mitarbeiter etwa durch emotionale Ausbrüche zu befremden, nur weil man jetzt ein Buch darüber gelesen hat, dass Gefühle wichtig sind. Das wäre mehr als kontraproduktiv. Worum es jedoch geht, ist, sich gemeinsam auf den Weg zu machen in eine emotional und sozial kompetentere Unternehmenskultur. Keimzelle dieser Entwicklung sind immer einzelne Teams, die gemeinsam genug Mut finden, mehr Verletzlichkeit zu wagen und dadurch ein neues, echtes

Vertrauen entstehen zu lassen. Hat sich innerhalb eines Teams erst eine neue Normalität etabliert, gibt dies den Rückhalt, die neue Kultur auch in anderen Bereichen des Unternehmens zu leben.

Reflexionsfragen

1. Wer in Ihrem Umfeld oder aus Ihrer Vergangenheit ist ein gutes Beispiel für „Macht über"-Führung im alten Stil?
2. Wer in Ihrem Umfeld oder aus Ihrer Vergangenheit ist ein gutes Vorbild für „Macht-mit"-Führung im neuen Stil?
3. Wie fühlen Sie sich, wenn Ihnen auf erstere oder zweitere Art begegnet wird?

12 | Emotional kompetente Teams

Teamarbeit nimmt heute in fast allen Unternehmen einen hohen Stellenwert ein. Das liegt nicht etwa an einer neu entdeckten Geselligkeit, sondern an der Komplexität der Herausforderungen, mit denen wir heute umzugehen haben. Die meisten Probleme, mit denen Mitarbeiter und Führungskräfte sich heute konfrontiert sehen, sind zu komplex, um von einer Person allein gelöst zu werden. Das hat zur Folge, dass wir in nie da gewesenem Maße gefordert sind, zusammenzuarbeiten. Das ist einerseits schön, denn gelingende Kooperation kann eine sehr erfüllende Erfahrung sein. Andrerseits stellt es Mitarbeiter und Führungskräfte vor nie da gewesene Herausforderungen im Umgang miteinander.

Wir haben Kooperation nicht oder nur unzureichend gelernt. Genau wie es Führungskräften daher an Vorbildern und Kompetenzen für effektive Führung auf Augenhöhe fehlt, sind die meisten Menschen heute nicht zu echter Teamarbeit fähig. Das mag eine harte Aussage sein, doch wenn wir einen ehrlichen Blick auf unser Bildungssystem werfen, wird deutlich, dass wir nichts dafür können.

In unseren Schulen und Universitäten wird immer noch knallhartes Einzelkämpfertum trainiert: Nur die Leistung Einzelner, die sie ohne jede Hilfe in Isolation erbringen können, wird gemessen und zählt. Für den Umgang miteinander wird offenbar das kleine Einmaleins, das im Kindergarten erlernt wird, für ausreichend betrachtet.

Später wird Kooperation sogar bestraft: Einander bei den Hausaufgaben oder gar bei einer schwierigen Prüfung zu helfen gilt als Betrug. Wenn wir diese Herangehensweise mit der Realität des modernen Arbeitsalltags vergleichen, offenbart sich die Absurdität dieses Ansatzes. Die ungeprüfte Annahme dahinter ist eine zutiefst mechanistische Sichtweise auf Menschen und menschliche Systeme. Sie geht davon aus, dass Organisationen Maschinen gleichen und dass, wenn jedes einzelne Teil der Maschine darauf getrimmt ist, Höchstleistung zu erbringen, die gesamte Maschine automatisch Höchstleistung erbringen wird.

Der Alltag in modernen Unternehmen straft diese Annahme Lügen. Wir sind ständig gefordert, unsere Kompetenzen so zusammenzufügen, dass ein gemeinsames Ganzes entsteht. Das geschieht nicht magischerweise von selbst. Und dieser Prozess des Zusammenfügens ist wesentlich anspruchsvoller und komplexer als Einzelkämpfertum. Tragischerweise wird diese Fähigkeit jedoch einfach vorausgesetzt. Teamfähigkeit gehört ganz selbstverständlich zum Bewerbungsprofil jedes

Mitarbeiters, nur wo diese wirklich entwickelt werden sollte, fragt niemand.

Die zuvor beschriebene mechanistische Sichtweise auf Unternehmen spiegelt sich auch in unserem Menschenbild. Überspitzt ausgedrückt, könnte man sagen, dass Mitarbeiter als Maschinen gesehen werden, von sich selbst und von ihren Führungskräften. Dieses Bild rein rationaler, möglichst konstanter Leistungsfähigkeit hat ihren Ursprung genau wie unser Bildungssystem in den Anfängen der industriellen Revolution, als es darum ging, Menschen mit Maschinen kompatibel zu machen. Und obwohl dieses Bild überholt ist: Es hat sich tief in unser Selbstverständnis eingefleischt und führt in der Konfrontation mit der Realität lebendiger Menschlichkeit immer wieder zu Problemen. Das bereits zitierte Toyotamodell zeigt eindrucksvoll, wie Mitarbeiter selbst die scheinbar rein mechanistischen Abläufe einer Automobilproduktion revolutionieren, wenn sie ermächtigt werden, ihre Intelligenz und Kompetenz einzubringen.

In der Teamforschung werden verschiedene Arten von sogenannten Teams unterschieden,[23] die ich im nachfolgenden Kasten stichpunktartig aufgelistet habe. Bei genauerer Betrachtung verdeutlicht diese Kategorisierung, wie wir versuchen, unsere mangelnde Kooperationsfähigkeit zu kompensieren. Bei der ersten Art Pseudoteam, der wilden Horde, ist die fehlende Kooperationsfähigkeit offensichtlich und äußert sich in brachialem Konkurrenzgerangel. In der zweiten und dritten

Form, der Ansammlung und der Arbeitsgruppe, nutzen wir klare Rollen und eine klare Leitung, um die fehlende Kooperationsfähigkeit der Mitglieder zu überbrücken. Daran ist natürlich nichts verkehrt, wir dürfen es nur nicht mit echter Teamarbeit verwechseln.

Teams und Pseudoteams

1. **Wilde Horde:** lauter Einzelkämpfer, Ellbogentechnik
2. **Ansammlung:** lauter Individuen, keine Teamdynamik, feste Rollen und Absprachen
3. **Arbeitsgruppe:** klare Leitung und Verantwortung, gesteuert, vorgegebenes Ziel, Aufgaben werden delegiert
4. **Gemeinschaft:** werteorientierte Zusammenkunft harmoniebedürftiger Menschen, symbiotisch
5. **Team:** geteilte Verantwortung, wechselseitige Abhängigkeit, allein nicht möglich, flache Führung
6. **Spitzenteam:** alle Themen, insbesondere Ressourcenverteilung sind optimiert, Meetings genau vorbereitet, Führungskräfte tragen nicht mehr Verantwortung als andere

Bei der vierten Form von Pseudoteam, der Gemeinschaft, beginnen Menschen sich zu öffnen und mit ihren Bedürfnissen, Werten und Gefühlen in Erscheinung zu treten. Da sie jedoch nicht oder nur unzulänglich gelernt haben, mit ihren Differenzen fruchtbar umzugehen, verstecken sie sich in der vermeintlichen Sicherheit der Pseudoharmonie. Das ermöglicht es ihnen, sich emotional zu öffnen, verhindert jedoch, dass sie sich auch mit den Meinungen, Bedürfnissen oder Gefühlen zeigen, die konträr zu anderen Teammitgliedern stehen. Das ist nur natürlich und verständlich, führt jedoch in der Praxis zu fatalen Fehlentscheidungen durch sogenanntes Group Think. Group Think ist eine der Kerndynamiken kollektiver Dummheit und beschreibt die Tendenz von Individuen in Gruppen, die vermeintliche Meinung der Mehrheit in vorauseilendem Gehorsam als die eigene zu übernehmen.[24] Das Ergebnis können Entscheidungen sein, die vermeintlich im Konsens getroffen wurden, hinter denen jedoch niemand steht – eine absurde Situation!

Gelingt es dann, noch einen Schritt weiter zu gehen und auch die vermeintliche Sicherheit der Pseudoharmonie hinter sich zu lassen, beginnt der Bereich echter Teamarbeit. Menschen werden verletzlich, im positiven Sinne, echtes Vertrauen entsteht. Dieses unterscheidet sich von Pseudovertrauen darin, dass auch Differenzen und konträre Sichtweisen darin Platz haben, ohne sofort gelöst werden zu müssen. Das Miteinander ist getragen von Respekt, der ein wirkliches Ringen mit unseren Unterschieden zulässt.

Dies wird möglich, wenn Teammitglieder beginnen, auch emotional anwesend zu sein, indem sie sich mit ihren Gefühlskräften zeigen und sich voll verantwortlich um ihre emotionalen Ladungen kümmern. Jede der fünf Gefühlskräfte erfüllt in diesem Prozess eine zentrale Funktion. Gesunde Wutkraft befähigt mich, ganz für meinen Standpunkt einzustehen, ohne den des anderen zu entwerten. Gesunde Trauerkraft ermöglicht es mir, anzunehmen, wenn zwei Standpunkte gerade nicht zusammenpassen. Angst im positiven Sinn brauche ich, um mich auf die Ungewissheit einzulassen, ob es uns gelingen wird, zueinanderzufinden. Scham ist unabdingbar, um mich immer wieder infrage zu stellen und Feedback gut annehmen zu können. Und Freude braucht es, um die Erfolge gelingenden Miteinanders angemessen feiern zu können.

Der voll verantwortliche Umgang mit emotionalen Ladungen ist wichtig, damit wir es wagen können, in die Konfrontation zu gehen. Konflikte gehen in den meisten Fällen mit emotionaler Aktivierung einher, eben weil wir nicht gelernt haben, gut zu streiten. Wenn ich weiß, dass meine Teammitglieder die Reife besitzen, für ihre eigenen Aktivierungen Verantwortung zu übernehmen, scheue ich mich nicht, Konflikte offen auszutragen. Sonst ist die Gefahr, binnen kürzester Zeit in einem emotionalen Minenfeld zu landen, zu groß und ein Rückzug in die sichere Oberflächlichkeit der Pseudoharmonie wirklich eine attraktive Option.

In seiner höchsten Ausprägung wird in solchen Teams noch eine weitere Entwicklungsstufe möglich, und das ist die des evolutionären Teams. Diese Art von Team erbringt nicht nur Spitzenleistungen, da es fähig ist, die vorhandenen Ressourcen optimal zu kombinieren. Es ist darüber hinaus fähig, sich geistig und emotional so miteinander zu verbinden, dass kollektive Intelligenz entsteht, wodurch das Team zu einem Inkubationsraum für die Zukunft wird. Das Team wird gemeinsam zur Quelle echter Innovation und zu einem evolutionären Entwicklungsraum. Der Verbindung zwischen einer emotional kompetenten Team- oder Unternehmenskultur und der Nutzung kollektiver Intelligenz für die Weiterentwicklung von Projekten, Unternehmen und vielleicht sogar unserer Spezies sind die letzten beiden Kapitel dieses Buches gewidmet.

Reflexionsfragen

1. Suchen Sie konkrete Beispiele aus Ihrem jetzigen Arbeitsumfeld oder aus Ihrer Vergangenheit für die jeweiligen Teamarten.
2. In welchem Team, von dem Sie jetzt ein Teil sind, sehen Sie ein Potenzial für einen Entwicklungsschritt auf eine neue Ebene?

13 | Wie kollektive Intelligenz entsteht

Während kollektive Dummheit ein durchaus weitverbreitetes Phänomen zu sein scheint, ist echte kollektive Intelligenz nach wie vor eine Seltenheit. Bevor Sie jetzt zu einem Protest anheben, möchte ich kurz erklären, was ich mit kollektiver Intelligenz meine. Ich verstehe darunter nicht nur die effektive Zusammenführung und Nutzung vorhandenen Wissens, wie es etwa in einem guten Dialog erreicht wird, sondern die Schöpfung neuen Wissens durch ein gemeinsames Einlassen auf die Grenzen dessen, was wir gemeinsam wissen.

Das mag sich sehr mystisch anhören und ist auch nicht wirklich nachzuvollziehen, wenn es noch nicht selbst erlebt wurde. Doch seit einigen Jahren sorgt eine Theorie in Managementkreisen und darüber hinaus für Furore, die genau dieses Phänomen beschreibt. Entwickelt wurde sie von Claus Otto Scharmer, Senior Lecturer an der MIT Sloan School of Management und trägt den wenig aussagekräftigen Namen Theorie U. Er beschreibt darin das Phänomen des Presencing, bei dem Teams in einen gemeinsamen generativen Raum eintauchen und echte Heureka-Momente geschehen. Er bezeichnet dies als eine Form des Lernens, die nicht aus der Vergangenheit – also auf vorhandenem Wissen basierend –, sondern von der Zukunft lernt. Es sind die Momente, in denen der Genius uns streift.[25]

Ich war sehr dankbar, als ich die Theorie U kennenlernte, denn sie beschrieb sehr treffend meine eigene Erfahrung in Spitzenteams in den letzten fünfzehn Jahren. Immer wieder hatte ich erlebt, wie auf diese Weise neues Wissen geboren wird, das über die Summe des vorhandenen Teamwissens hinausgeht. Voraussetzung hierfür sind Teams, die fähig sind, sich wirklich miteinander und mit einer Frage zu verbinden, keinen Differenzen auszuweichen und dennoch weich und offen zu bleiben. So werden diese berühmten Heureka-Momente möglich, in denen eine ganz neue Qualität im Raum entsteht und alle plötzlich wissen: Das ist es! Es sind Momente, in denen ich einen Satz beginne und ein anderes Teammitglied ihn zu Ende führt. Doch nicht weil wir uns von vornherein einig waren, sondern weil im selben Moment die gleiche Einsicht von uns Besitz ergriffen hat, sich das offenbart hat, worum wir gerungen haben.

Diese Form der Erkenntnisgewinnung und Entscheidungsfindung war für uns nicht nur sehr erfüllend, sie erwies sich im Lauf der Jahre vor allem als weise und zielführend. Und zwar nicht zielführend in dem Sinn, dass irgendeine Agenda umgesetzt wurde – meine oder die von anderen Teammitgliedern oder eine einmal gesetzte Zieldefinition –, sondern zielführend in dem

Sinn, dass wir auf diesem Wege immer wieder über uns hinauswuchsen und Ziele verwirklichten, die wir uns in unseren kühnsten Träumen nicht hätten vorstellen können. Ziele, die sich erst durch unsere kollektive Intelligenz offenbarten.

Worauf ich an dieser Stelle eingehen möchte, ist die Rolle emotionaler Kompetenz bei der Entstehung dieser Qualität, die meines Erachtens bislang in der Auseinandersetzung mit der Theorie U weitgehend ausgeblendet wird. Damit diese Form außergewöhnlicher Zusammenarbeit möglich wird, müssen Menschen eine starke Verbindung miteinander eingehen können. Erst wenn sie als ganze Menschen zusammenkommen und durchlässig werden, können ihr Geist und ihre Herzen sich so verbinden, dass ein gemeinsames Feld entsteht. Hierbei geht es nicht um Harmonie, im Gegenteil: Es sind gerade die Unterschiede zwischen unseren Sichtweisen, Anliegen und Perspektiven, die ein Spannungsfeld entstehen lassen, aus dem dann das wirklich Neue hervorgehen kann. Es braucht also die Bereitschaft, mit diesen Differenzen in Kontakt zu bleiben, damit die Spannung zwischen ihnen fruchtbar werden kann, denn letztendlich ist sie nichts weiter als energetisches Potenzial.

In der Regel wird dieses energetische Potenzial zwischen Menschen nicht verwirklicht, was ich vor allem auf unsere mangelnde emotionale Kompetenz zurückführe. Gerade in Konfliktsituationen – ganz neutral definiert als Diskrepanz zwischen dem, was zwei Menschen möchten – verstecken wir uns hinter Absolutheitsansprüchen und verschanzen uns hinter emotionalen Ladungen. Oder wir flüchten uns in die gefährlich bequeme Oberflächlichkeit des Group Think, der symbiotischen Harmonie, der höflichen Konversation, des distanzierten Business-as-usual. Letzteres ist deutlich angenehmer als Ersteres, beide richten in Teams und Unternehmen unermesslichen Schaden an, da das wirkliche Potenzial der Menschen unangetastet bleibt.

Keiner darf zu schnell nachgeben, und zugleich darf keiner in seiner Position verhärtet sein. Mit anderen Worten: Es braucht genau jene Kompetenzen, die der Gefühlskompass beschreibt. Es braucht eine gesunde Wutkraft in jedem Einzelnen, um den eigenen Standpunkt klar zu vertreten und nicht zu schnell nachzugeben. Das kann ich nur, wenn ich zugleich zu einer gesunden Trauerkraft fähig bin, die es mir jederzeit ermöglicht, die unaussöhnlichen Differenzen anzunehmen oder zu akzeptieren, dass wir gerade nicht zusammenkommen. Darüber hinaus brauche ich gesunde Angstkraft, um mich auf den Raum des Unbekannten zwischen uns einzulassen, die Lücke zwischen unseren Sichtweisen auszuhalten, dem Nichtwissen zu begegnen. Und es braucht immer wieder die Bereitschaft, die eigene Sichtweise zu hinterfragen, ohne mich selbst infrage zu stellen, also gesunde Schamkraft. Und zu guter Letzt bedarf es auch der Fähigkeit, Erfolge zu feiern und das gelingende Miteinander wertzuschätzen, die in unserer Freudekraft steckt. Darüber hinaus hilft Freude, uns zu spüren, wenn wir einer Lösung auf der Spur sind, die mit unseren wirklichen Bedürfnissen übereinstimmt.

Hinderlich sind in diesem Prozess unsere Absolutheitsansprüche und die damit einhergehenden Schattengefühle. Dabei geht es nicht darum, keine Absolutheitsansprüche zu haben, das ist unrealistisch. Wir alle haben sie, sie helfen uns, Realität zu strukturieren und uns auch ein Stück weit vor ihr zu schützen. Doch es braucht die Bereitschaft, die eigenen Absolutheitsansprüche immer wieder loszulassen und uns auf das einzulassen, was jetzt ist. Und damit das gelingt, braucht es ein hohes Maß an eigenverantwortlicher emotionaler Hygiene, denn der unbewusste Umgang mit emotionalen Ladungen vergiftet den Beziehungsraum und stört somit die Verbindung miteinander und mit dem Thema.

Diese Grundpfeiler emotionaler Kompetenz, wie ich sie in den ersten drei Teilen des Buches beschrieben habe, bilden die Basis für eine Kultur, in der kollektive Intelligenz möglich wird und in der aus guten Teams geniale Teams werden. Damit dieses Potenzial verwirklicht werden kann, bedarf es jedoch noch eines weiteren Aspekts: Unsere Arbeit, unsere Unternehmen, unser Wirken in der Welt müssen wieder Herzensangelegenheit werden. Nur wenn diese sich auf das ausrichten, was den Menschen im Unternehmen wirklich wichtig ist, entsteht die intrinsische Motivation, die außergewöhnliche Erfolge möglich macht. Doch was meinen wir eigentlich mit Erfolg? Und was hat Erfolg mit unserem Erleben von Sinnhaftigkeit zu tun? Genau darum geht es im letzten Kapitel dieses Buches.

Reflexionsfragen

1. Was waren Ihre Heureka-Momente im Team?
2. Wie war das emotionale Klima zwischen den Teammitgliedern, das diese Momente ermöglichte?

14 Unternehmen als Herzensangelegenheit

Gefühle und Emotionen sind Herzenssache. Sie kommen dort ins Spiel, wo uns etwas am Herzen liegt, also wichtig ist. Doch was ist uns wirklich wichtig? Ein gutes Gehalt? Persönlicher Erfolg? Die Möglichkeit, sich vor dem Chef zu profilieren? Statussymbole? All das hat sicher für die meisten Menschen, die sich für eine Karriere in der Wirtschaft entscheiden, eine gewisse Wichtigkeit, und das ist ja auch in Ordnung. Doch früher oder später kommt der Punkt, wo das nicht mehr greift, wo das Ziel des Höher-besser-weiter nicht mehr ausreicht, um uns wirklich zu begeistern. Spätestens hier ereilt uns der Motivationsknick, und die berühmte Frage, warum wir am Montagmorgen eigentlich aufstehen, lässt sich nicht mehr eindeutig beantworten.

Bislang schienen die meisten Menschen diesen Punkt in der Mitte ihrer Karriere zu erreichen, vielleicht sogar an deren Höhepunkt, wenn sie in die berühmte Midlife-Crisis rutschten. Auf einmal stellten sie sich ganz zentrale Fragen: Wofür bin ich eigentlich hier? Welchen Sinn hat mein Tun? Ist die nächste Stufe auf der Karriereleiter wirklich der Inbegriff meiner persönlichen Definition von Erfolg?

Heute zeigt sich ein neues Phänomen. Der viel diskutierten Generation Y sagt man nach, ihre Karriere oft mit genau diesen Fragen zu beginnen. Und auch wenn es immer problematisch ist, alle Menschen einer Generation über denselben Kamm zu scheren: Teile dieser jungen Generation haben offenbar völlig andere Ziele als Berufseinsteiger vergangener Generationen. Sie scheinen Erfolg umfassender zu definieren. Ein wichtiger Aspekt ist hierbei eine gute Work-Life-Balance. Sie wollen genug Zeit für Familie, Freizeit und Freundschaften haben, und zwar nicht erst, wenn sie in Rente gehen. Und sie sind bereit, dafür auch Einbußen beim Gehalt in Kauf zu nehmen oder auf der Karriereleiter nicht ganz so weit aufzusteigen. Vielfach scheint es sogar, dass sie das Konzept Karriere an sich infrage stellen oder eben auch komplett neu definieren. Ein zentraler Aspekt dabei ist die Frage nach dem Sinn ihrer Arbeit, also welchen Beitrag sie damit in der Welt leisten.

Einer der Gründe, weshalb diese Generation die Midlife-Crisis vorwegzunehmen scheint, könnte sein, dass sie vielfach mit den Bedingungen in die Arbeitswelt starten, die frühere Generationen erst am Zenit ihrer Karriere erreichten: Sie sind durch ihre Eltern materiell abgesichert, und ihnen stehen, aufgrund der Kombination einer überdurchschnittlichen Ausbildung und geburtenschwacher Jahrgänge, sehr viele Möglichkeiten offen. Und das ist nicht nur ein Phänomen von gut situierten Wohlstandskids. Der Autor Moisés Naím führt in seinem bereits erwähnten Buch *The End of Power* den krassen Wandel in den Machtverhältnissen vor allem auf drei global zu beobachtende Phänomene zurück, die er die Mehr-, Mobilitäts- und Mentalitätsrevolutionen nennt. Mit anderen Worten: Immer mehr Menschen haben mehr als je zuvor, sind mobiler als je zuvor und haben eine andere Weltsicht als früher.

Doch unabhängig davon, ob die Frage nach dem Sinn des eigenen Handelns in der Midlife-Crisis auftaucht oder Ausgangspunkt der eigenen Lebensplanung ist: Sie ist immer ein Segen. Viele Unternehmen sind heute, ehrlich betrachtet, zutiefst zynisch. Ihre Unternehmensmissionen sprechen vollmundig von dem positiven Beitrag, den sie in der Welt leisten, während die tägliche Unternehmenspraxis unfassbares Leid und Zerstörung in die Welt trägt. Diese Diskrepanz tut, wenn wir ehrlich hinsehen, sehr weh – auch den Führungskräften und Mitarbeitern. Diesen Schmerz auszublenden bindet kostbare Energie, die eigentlich genutzt werden könnte, um Unternehmen grundlegend zu transformieren.

Der Hotelier Bodo Janssen beschreibt seine eigene Auseinandersetzung mit dieser Tatsache sehr eindrücklich in seinem Buch *Die stille Revolution: Führen mit Sinn und Menschlichkeit*. Janssen war, noch vor wenigen Jahren, laut eigener Aussage ein „typischer Manager". Anhand von Zahlen, Daten, Fakten versuchte er, die Abläufe in seinen Häusern zu optimieren und dadurch

Kosten zu senken und die Qualität zu steigern. Ein Weckruf war für ihn eine Mitarbeiterbefragung, die ihn unsanft auf den Boden der Realität zurückholte: Während er selbst sich in seinem schicken Büro auf der Chefetage als erfolgreicher Firmenchef gefiel, plädierten seine Mitarbeiter für einen neuen Vorgesetzten. Sein Selbstbild prallte auf sehr unsanfte Weise mit der Wahrnehmung seiner Mitarbeiter aufeinander.

Er begann sich intensiv mit der Sinnfrage auseinanderzusetzen und machte sich auf die Suche nach dem, was ihm wirklich wichtig ist. Die Antwort, die er für sich fand, war, dass er seine persönliche Erfüllung darin findet, Menschen glücklich zu machen. Da er jedoch klug genug war zu wissen, dass er niemanden glücklich machen kann, entschied er sich dazu, sein Leben der Erschaffung von Rahmenbedingungen für Glück zu widmen. Um es kurz zu machen: Indem Bodo Janssen seine eigene Herzensangelegenheit fand und seine Führungskräfte einlud, gemeinsam mit ihm ihre Herzensangelegenheiten zu entdecken, wurde aus einem durchschnittlichen Touristikdienstleister ein preisgekröntes Vorzeigeunternehmen, was Mitarbeiter- und Kundenzufriedenheit betrifft – ein Wandel der sich auch in den Umsatzzahlen bemerkbar machte.[26]

Der Weg dahin führte nicht über ein paar nette Floskeln, sondern über echtes Herzblut. Wer Janssen mal erlebt hat, wie ich kürzlich bei einem Vortrag, der spürt, dass er seine Berufung gefunden hat und lebt. Und nicht nur das: Ihm ist es offenbar gelungen, andere durch sein Vorbild anzustecken.

Das Beispiel Janssen ist eines von vielen, von unzähligen, doch immer noch viel zu wenigen. In der Interaktion mit Unternehmern, Führungskräften und auch Mitarbeitern in den letzten Jahren ist für mich eines deutlich geworden: Die Sehnsucht nach sinnstiftender Arbeit und nach einem echten Beitrag in der Welt schlummert in sehr vielen. Doch die meisten haben resigniert, haben sich offenbar schon früh damit abgefunden, dass Arbeit keinen Spaß macht und Gewinn nur auf Kosten von anderen zur erwirtschaften ist.

Systemisch betrachtet, macht dies keinen Sinn. Wenn wir, wie anfangs angedeutet, Unternehmen nicht als Maschinen, sondern als lebendige Systeme betrachten, dann zeigt sich schon bald, wie kurzsichtig, ja sogar fatal diese Annahmen sind. Ich möchte dies anhand eines einfachen Vergleichs illustrieren. Wenn wir ein Unternehmen mit einem menschlichen Körper vergleichen, dann sind die einzelnen Abteilungen wie die Organe dieses Körpers. In diesen Organen erfüllen bestimmte Teams, also Gruppen von Zellen, bestimmte vitale Funktionen. Die einzelnen Teammitglieder sind wiederum mit Körperzellen vergleichbar. Das Unternehmen ist, genau wie der Mensch, eingebettet in ein soziales Gefüge: der Mensch in der Familie, das Unternehmen in der Wirtschaft. Beide, Wirtschaft wie Familie, sind wiederum eingebettet in die größere menschliche Gemeinschaft, also die Gesellschaft, die ihrerseits wieder in die Ökosysteme des Planeten eingebettet ist.

In einem gut funktionierenden Organismus weiß jedes Systemteil um seine Aufgabe und die zu erfüllende Funktion. Anders ausgedrückt: Es weiß um seinen Beitrag. Es gibt jedoch Fälle, in denen einzelne Systemteile, Körperzellen oder Mitarbeiter vergessen, was ihr Beitrag ist, und nur noch beginnen sich um ihren eigenen Fortbestand und die eigene Vermehrung zu kümmern. Sie versuchen, so viel wie möglich zu nehmen und dabei so wenig wie möglich zu geben.

Wenn so etwas im menschlichen Körper auftritt, nennen wir es Krebs. Eine Krebszelle ist eine vormals gesunde Körperzelle, die aus bislang nicht wirklich verstandenen Gründen aufhört, das zu tun, was eigentlich ihre Aufgabe ist, und beginnt, sich krankhaft selbst zu vermehren. Ist sie damit erfolgreich, kann sie das ganze Organ stilllegen und schließlich den gesamten Organismus töten.

Wenn wir mit ehrlichem Blick auf unser Wirtschaftssystem, die dazugehörigen Grundannahmen des so genannten Raubtierkapitalismus und das Verhalten mancher Unternehmen blicken, dann erkennen wir die erschreckenden Parallelen. Wir können das alles rechtfertigen und gutreden, doch unser Herz lässt sich nicht betrügen. Wenn wir unser Herz fragen, dann sagt es uns klar und deutlich, dass wir eigentlich etwas anderes mit unserer Lebenszeit anfangen wollen, als Mensch und Natur auszubeuten und uns auf ihre Kosten zu bereichern. Es ist uns ein tiefes Bedürfnis, einen Beitrag zu leisten, weil es in unserer Natur liegt, genau wie es in der Natur jeder anderen Spezies liegt, nicht nur genährt werden zu wollen, sondern auch beizutragen.

Wenn wir noch einmal zu dem systemischen Bild zurückkehren, wird deutlich, dass Sinn immer dann entsteht, wenn wir unseren Beitrag zum übergeordneten System klar definiert haben. Sinn erschließt sich nicht durch Erreichen überdurchschnittlicher Quartalsergebnisse oder steigender Aktienkurse. Unternehmerischer Erfolg ist ein Nebeneffekt dessen, dass wir gesund wirtschaften, genau wie eine gesunde Körperzelle automatisch ausreichend genährt wird, wenn sie ihren Beitrag leistet und ein Familienmitglied ausreichend geliebt wird, wenn es seinen Beitrag leistet.

Und nein, hier geht es nicht darum, jedes Wirtschaftsunternehmen in ein Non-Profit-Unternehmen zu verwandeln. Es geht um die natürliche nächste Entwicklungsstufe von Menschen und Unternehmen, die mit bisherigen Definitionen von Erfolg nicht mehr zufriedenzustellen sind. Und diese Entwicklung betrifft nicht nur Mitarbeiter und Führungskräfte, sondern auch Kunden. Marketing-Guru Philip Kotler, der seit den Sechzigerjahren des letzten Jahrhunderts die Art und Weise, wie Marketing verstanden und betrieben wird, maßgeblich geprägt hat, spricht daher von einer neuen Art des Marketings.

In seinem bahnbrechenden Buch *Marketing 3.0*[27] beschreibt er, dass es heute nicht mehr ausreicht, Kunden zufriedenzustellen. Das Marketing von morgen ist ein umfassendes Wertangebot, das vor allem auch das Bedürfnis nach Sinn im Menschen berühren muss. Marketing ist hier keine Masche mehr, es ist lediglich ein Sichtbarmachen dessen, was ein Produkt, eine Dienstleistung und ein Unternehmen wirklich sind.

In einer Welt, wo alles immer transparenter wird, verlieren künstlich emotionalisierte Hochglanzbroschüren und Werbespots ihre Deutungshoheit. Authentisch gelebte Werte und ein echter Beitrag für die Welt hingegen berühren Kunden und Mitarbeiter gleichermaßen. Sie sorgen dafür, dass wir Produkte und Dienstleistungen unseren Freunden ans Herz legen, weil wir es so genial finden, dass es so etwas gibt. So wie ich vor Jahren jeden in meinem Umfeld bequatschte zu einer sozialökologischen Bank zu wechseln, ohne dass mich jemand dafür bezahlte.

Der Schlüssel zu einer Entwicklung, die so ein Marketing möglich macht, steckt in der emotionalen Intelligenz Ihrer Mitarbeiter. Wenn Mitarbeiter und Führungskräfte lernen, sich selbst mehr zu spüren, dann kommen sie auch mit dem Schmerz in Kontakt, den ihr Tun auslöst. Sie lernen den Unterschied zwischen wirklich tiefer, sinnstiftender Freude und dem Suchtcharakter des schnellen Kicks zu erkennen, den klassischer Erfolg mit sich bringt. Das kann als Bedrohung für Business as Usual begriffen werden oder als riesiges schlummerndes Potenzial in den Herzen der Menschen erkannt werden, die auf der ganzen Welt in Wirtschaftsunternehmen tätig sind.

Wenn wir spüren, dass unser Wirken womöglich nicht mit unseren wahren Bedürfnissen und unseren Werten übereinstimmt, ist es Zeit, sich ein paar mutige Fragen zu stellen. Welchen Beitrag leistet unser Unternehmen für die Gesellschaft und den Planeten? Sind wir ein positiver Teil des Gesamtsystems, oder gleichen wir eher einem Krebsgeschwür, das versucht, sich möglichst auf Kosten anderer zu bereichern? Was ist mir und uns wirklich wirklich wichtig? Wofür möchte ich meine Lebenszeit einsetzen?

Diese Fragen ehrlich zu betrachten kann schmerzhaft und unangenehm sein, doch sie sind der Schlüssel dafür, uns wieder ganz mit unserem Tun zu verbinden und als ganze Menschen zu wirken. Es sind auch keine Fragen, die wir zwischen Tür und Angel abhaken oder die wir einmal beantworten und dann ad acta legen können. Solche Fragen brauchen Raum und Zeit. Bodo Janssen zog sich für diese Fragen über einen längeren Zeitraum regelmäßig in ein Kloster zurück. Andere Führungskräfte entdecken die uralte Praxis indigener Völker für sich und gehen für mehrere Tage auf Visionssuche in die Natur, um mit ihren tieferen Bedürfnissen in Kontakt zu kommen. Doch es muss nicht immer so drastisch sein. Unter den Ressourcen im Anhang findet sich eine von C. O. Scharmer entwickelte Übung, die uns durch gezielte Fragestellungen in diesem Reflexionsprozess unterstützt. Letztendlich geht es bei diesen Fragen um unsere Berufung: Wofür bin ich hier? Was ruft mich? Was sagt mein Herz zu dem, was ich mit meiner Lebenszeit anfange?

Sich auf diese Fragen einzulassen kann ein beängstigender Prozess sein. Angstkraft im positiven Sinn kann uns helfen, es auszuhalten, dass wir nicht wissen können, welche Antworten wir finden werden und welche Konsequenzen sie für unsere Arbeit und unser Leben haben werden. Doch diese Fragen sind keine Makulatur. Sie allein haben das Potenzial, unsere Unternehmen zu lebensbejahenden Systemen zu transformieren. Denn auch wenn ich keine Ahnung habe, was Ihr Herz auf diese Fragen antworten wird, ich habe keinen Zweifel daran, dass es eine Antwort sein wird, die einen Beitrag zum Fortbestand des Lebens auf diesem wunderbaren Planeten leisten möchte. Es ist höchste Zeit, dass wir wieder auf diese Stimme hören und ihr vertrauen. Sie birgt den Schlüssel für die Zukunftsfähigkeit unserer Unternehmen, unserer Gesellschaft und letztendlich unserer Spezies.

Reflexionsfragen

1. Was ist Ihnen wirklich wirklich wichtig?
2. Was bedeutet Erfolg für Sie?
3. Was soll auf Ihrer Beerdigung über Ihr berufliches und menschliches Vermächtnis gesagt werden?

Ressourcen

In diesem Anhang habe ich einige Ressourcen zusammengestellt, die Sie dabei unterstützen können, sich tiefer mit den Inhalten dieses Buches zu befassen. Die Inhalte sind in drei Abschnitte unterteilt: Persönliches Training, Teamtraining und Unternehmensentwicklung.

Persönliches Training

Übung 1 Im Brillenladen
Dauer 5–10 Minuten

Die Brillenübung ist eine spielerische Möglichkeit, sich der Macht von Interpretationen bewusst zu werden und eine Flexibilität mit verschiedenen Sichtweisen zu entwickeln. Mit ihr können wir die Fähigkeit trainieren, bestimmte Gefühle situativ zu erzeugen und uns von anderen zu lösen, indem wir unseren Blick auf die Situation verändern.

1. Sie befinden sich in einem Brillenladen. Sie haben fünf Modelle zur Auswahl, jedes für eines der fünf Grundgefühle im Gefühlskompass. Versetzen Sie sich mental in eine typische Alltagssituation aus Ihrem Job. Beginnen Sie mit einer Situation, die eher neutral für Sie ist, also keine starken Emotionen in Ihnen auslöst.
2. Setzen Sie nun als Erstes die Wutbrille auf und betrachten Sie die Situation durch diese Brille. Was könnten Sie hier falsch finden und sich so richtig aufregen? Nehmen Sie sich einen Moment Zeit, um die Situation durch diese Brille wahrzunehmen und den dazugehörigen Gefühlen nachzuspüren.

3. Fahren Sie nun mit der Trauerbrille fort und betrachten Sie dieselbe Situation durch diese Brille. Was ist an der Situation schade? Lassen Sie sich auch hier wieder etwas Zeit, um sich auf diese Sichtweise einzulassen und die dazugehörigen Gefühle entstehen zu lassen.
4. Wiederholen Sie nun den Vorgang für die Angstbrille: Was ist an dieser Situation furchtbar? Was ist unbekannt, ungewiss, aufregend? Wie fühlt sich diese Sichtweise an?
5. Wechseln Sie nun erneut die Brille und betrachten Sie die Situation mit dem Blick der Scham. Was ist an dieser Situation peinlich?
6. Zuletzt setzen Sie die Brille der Freude auf. Was ist an dieser Situation richtig und schön? Können Sie die Freude dazu fühlen?

Üben Sie zunächst mental für sich – zum Beispiel im Aufzug oder auf dem Weg zur Arbeit. Später können Sie dann beginnen, auch im Kontakt mit anderen mal bewusst die Brille zu wechseln und sich für eine neue Sicht zu entscheiden. Gehen Sie es locker an, ähnlich wie Fingerübungen auf dem Klavier. Wenn es mit bestimmten Brillen nicht sofort klappt, versuchen Sie es einfach noch einmal in einer anderen Situation. Sie werden sehen, dass es von Mal zu Mal einfacher wird.

Übung 2 Emotionen parken
Dauer 3–5 Minuten

Im Arbeitsalltag ist es nicht immer möglich oder zielführend, Emotionen direkt zu entladen. Umso wichtiger ist es, dass wir lernen, diese zu parken. Folgende Übung kann Ihnen helfen, diese wichtige Fähigkeit zu entwickeln:

1. Aktivierung anerkennen
Der erste und wichtigste Schritt besteht darin, sich selbst einzugestehen, dass eine emotionale Aktivierung erfolgt ist. Das hört sich in der Theorie sehr einfach an, ist in der Praxis jedoch durchaus anspruchsvoll. Es ist eben sehr verlockend, einfach so zu tun, als wäre alles in Ordnung, und zu hoffen, dass es keiner merkt. Leider verhindert das einen bewussten und konstruktiven Umgang mit der Aktivierung. Gerade zu Beginn wird es Ihnen vielleicht erst im Nachhinein gelingen, sich eine Aktivierung einzugestehen. Auch hier gilt: besser spät als nie. Bleiben Sie dran, und schon bald wird es Ihnen gelingen, Aktivierungen schon früher zu erkennen.

2. Innehalten und eventuell zurückziehen
Wenn es Ihnen gelingt, eine Aktivierung in der tatsächlichen Situation zu erkennen, nehmen Sie sich einen Moment Zeit, um sich zu sammeln. Das kann ein innerer Rückzug sein oder ein kurzer Gang auf die Toilette.

3. Ladung innerlich Raum geben

Lenken Sie Ihre Aufmerksamkeit nun auf Ihren Körper und Ihre Emotionen. Machen Sie sich bewusst, dass Sie in der Lage sind, diese zu fühlen. Es sind einfach nur Empfindungen. Wenn Sie es fühlen können, dann hat es Sie nicht im Griff, weil Sie nicht gezwungen sind, daraus zu agieren. Es geht jetzt nicht darum, in die Emotionen einzutauchen, sondern Ihnen für einen Moment die volle Aufmerksamkeit zu geben, um sie von außen wahrnehmen zu können. Fragen wie: „Wo genau fühle ich das?" „Wie groß ist es?" „Welche Form und Farbe hat es?" können helfen, die Emotion von außen wahrzunehmen.

4. Päckchen zur Seite stellen

Sobald es Ihnen gelungen ist, die emotionale Aktivierung von außen wahrzunehmen, stellen Sie diese innerlich zur Seite mit der Absicht, sich zu einem späteren Zeitpunkt darum zu kümmern. Sie können sich nun erneut der aktuellen Situation widmen, ohne von Emotionen überflutet zu sein. Und natürlich tun Sie gut daran, sich später tatsächlich erneut dem Päckchen zuzuwenden – zum Beispiel durch bewusste Entladung.

Übung 3 Bewusst entladen

Die effektivste Möglichkeit, bewusste Entladung zu praktizieren, ist mit einer Person unseres Vertrauens. Diese schenkt uns für einen begrenzten Zeitraum (zum Beispiel 5–10 Minuten) ihre ungeteilte Aufmerksamkeit und hört uns voller Anteilnahme zu. Wir haben dadurch eine Gelegenheit, Emotionen freien Lauf zu lassen, die nicht salonfähig oder konstruktiv sind, jedoch einer Klärung bedürfen. Das Erstaunliche an der Praxis bewusster Entladung ist, dass Menschen sich in diesem Rahmen innerhalb kürzester Zeit selbst sortieren können. Sie werden sozusagen ihr eigener Coach, einfach dadurch, dass ihnen aufmerksam und wertungsfrei zugehört wird.

Damit dies gut funktioniert, ist eine besondere Form der Vertraulichkeit hilfreich. Hierbei wird vereinbart, dass alles Gesagte nicht nur mit keinem anderen geteilt wird, sondern auch unter den Anwesenden im Nachhinein nicht mehr angesprochen wird. Da im Rahmen der bewussten Entladung Anteile von uns zum Vorschein kommen, die unreif und oftmals unterentwickelt sind, ist es wichtig, diese auch in diesem geschützten Raum zu belassen.

Eine Alternative, die zwar praktischer, jedoch weitaus ineffektiver ist, besteht darin, es sich nicht von der Seele zu reden, sondern zu schreiben. Nehmen Sie sich hierfür 5–15 Minuten Zeit, stimmen Sie sich auf die

Emotionen ein, die gerade in Ihnen lebendig sind, und bringen Sie diese möglichst ungefiltert zu Papier (oder in ein Dokument). Alles darf, nichts ist tabu – Papier ist bekanntlich geduldig, und es ist nur für Ihre Augen bestimmt. Lassen Sie Ihre Gedanken bewusst außen vor und kehren Sie immer wieder zu Ihren Emotionen zurück und versuchen Sie, diese in Worte zu fassen. Wenn Sie merken, dass die emotionale Intensität nachlässt, kommen Sie langsam zum Ende. Schreddern Sie direkt anschließend das Papier oder löschen Sie das Dokument.

Übung 4 Journaling (Theorie U)
Dauer ca. 30–40 Minuten

Ziel dieser Übung ist es, tiefer mit dem in Kontakt zu kommen, was uns wirklich wirklich wichtig ist. Sie wurde, wie bereits erwähnt, von C. O. Scharmer im Rahmen seiner Arbeit an Theorie U entwickelt. Sie kann allein oder im Team durchgeführt werden. Eine komplette Anleitung lässt sich unter www.presencing.org herunterladen.

Teamtraining

Übung 1 Gefühlskompass puzzeln
Dauer 15–20 Minuten

Dieses Puzzle ist eine effektive und zugleich niederschwellige Methode, um im Team über Gefühle ins Gespräch zu kommen.

1. Laden Sie sich unter viviandittmar.net/buecher/gefuehlework eine Vorlage herunter. Drucken Sie das Dokument aus und zerschneiden Sie es entlang der Linien, sodass Sie 20 Kärtchen erhalten, auf denen unterschiedliche Begriffe stehen.
2. Kleben Sie mit Kreppband ein ca. 1,5 × 1,5 Meter großes Kreuz auf den Fußboden. Legen Sie die Kärtchen, auf denen „Wut", „Trauer", „Angst" und „Freude" steht, an die vier Enden des Kreuzes, „Scham" platzieren Sie in der Mitte.
3. Die restlichen Karten übergeben Sie nun dem Team mit der Aufforderung, jedem Gefühl jeweils genau eine Stärke, einen Schatten und eine Interpretation zuzuordnen. Natürlich dürfen Sie auch selbst mitpuzzeln, vorausgesetzt, Sie können den Kompass noch nicht auswendig.

4. Nachdem alle Begriffe zugeordnet sind, reflektieren Sie gemeinsam das Ergebnis. Gleichen Sie das Ergebnis des Teams mit der Auflösung in der Vorlage ab und diskutieren Sie Abweichungen.

Übung 2 Der Gefühlskompass als Spiegel des Teams
Dauer 20–30 Minuten

Diese Übung eignet sich ideal im Anschluss an das Gefühlskompass-Puzzle, kann aber auch als alleinstehende Übung gemacht werden, nachdem der Gefühlskompass kurz vorgestellt wurde.

Reflektieren Sie gemeinsam das Team und die einzelnen Mitglieder anhand des Gefühlskompasses. Wer kennt welche Gefühle nur in ihrem Schattenausdruck? Wer im Team verkörpert eine gesunde Wutkraft, Trauerkraft, Angstkraft, Schamkraft oder Freudekraft? Wer kennt welche Gefühle gar nicht? Welche Auswirkungen hat das? Welche Gefühlsverwechslungen kommen bei wem oft vor? Wer würde welche Gefühlskräfte gern mehr entwickeln? Wer im Team kann dabei Vorbild sein?

Übung 3 Check-in – Check-out
Dauer 5–10 Minuten

Bei dieser Übung handelt es sich eher um eine Praxis, die ein fester Bestandteil mancher Team- oder gar Unternehmenskulturen ist. Check-in bedeutet, dass jede Besprechung mit einer kurzen Befindlichkeitsrunde gestartet wird, also einer Runde, in der Teammitglieder reihum mitteilen, wie es ihnen gerade geht. Das kann in einer sogenannten Blitzrunde geschehen, wo jeder nur ein Wort sagt. Oder es kann auch mal ausführlicher gemacht werden. Zweck des Check-ins ist es zum einen, ein gemeinsames Bild davon zu bekommen, in welchem inneren Zustand das Team sich befindet, und zum anderen, jedem Teammitglied die explizite Aufforderung zu geben, in der Besprechung auch emotional anwesend zu sein.

Das Check-out ist das Gegenstück zum Check-in am Ende einer Besprechung. Wieder sagt jeder reihum, in welchem emotionalen Zustand er oder sie jetzt aus der Besprechung geht. Dies gibt wieder ein geteiltes Bild davon, wie die gemeinsame Zeit in jedem Einzelnen wirkt, und lädt erneut jedes Teammitglied ein, sich emotional mit den Inhalten zu verbinden.

Gerade zu Beginn kann diese neue Praxis einige befremden. Es kann etwas dauern, bis Mitarbeiter sich trauen, mehr als Floskeln auszutauschen. Auch hier spielt die Vorbildfunktion Einzelner eine wichtige Rolle.

Übung 4 Feiern und Bedauern
Dauer 10–30 Minuten

Diese Übung stammt aus der Gewaltfreien Kommunikation und ist eine schöne Möglichkeit, im Team einen Raum für Gefühle zu öffnen. Sie eignet sich besonders, um gemeinsam etwas zu reflektieren und abzuschließen – ein Projekt, ein Jahr, eine Zusammenarbeit etc.

Die Teammitglieder formen einen Kreis, in der Mitte wird ein Redestück platziert (ein Stein, ein Symbol, ein dreidimensionales Firmenlogo oder einfach ein Marker). Eingeladen durch die Frage „Was möchtest du heute feiern oder bedauern?", begeben sich Teammitglieder in keiner bestimmten Reihenfolge in die Kreismitte, nehmen das Redestück in die Hand und erzählen. Fordern Sie die Teammitglieder auf, von Herzen zu sprechen, und gehen Sie selbst mit gutem Beispiel voran. Achten Sie darauf, dass jeder von seinen eigenen Gefühlen spricht, dies ist nicht der Raum für Anklagen und Anschuldigungen.

Unternehmensentwicklung – die Gemeinwohlbilanz

Einer der Kernfehler unseres derzeitigen Wirtschaftssystems ist meines Erachtens, dass es auf einem Menschenbild basiert, das viele unserer wichtigsten Eigenschaften ausblendet. Der sogenannte Homo oeconomicus handelt immer streng rational und allein auf seinen eigenen Vorteil bedacht. Tugenden wie Mitgefühl, der Wunsch zu teilen, sich um das Gemeinwohl zu kümmern, einen Beitrag zu leisten, Sinn zu erfahren haben in diesem Menschenbild keinen Platz. Wer anderen hilft, ist selber schuld. Belohnt wird, wer sich auf Kosten anderer bereichert.

Meiner Erfahrung nach wird dieses Bild uns Menschen nicht gerecht. Natürlich haben wir Menschen egoistische Züge, doch wir haben eben auch ganz andere Seiten. Wenn ein System, wie die jetzige Form des Kapitalismus, konsequent nur unsere egoistischen Züge belohnt, dann hat dies zwei Konsequenzen. Die erste ist offensichtlich: Diese Züge werden verstärkt, während die anderen verkümmern. Die zweite ist vielleicht weniger offensichtlich, für die Themen dieses Buches jedoch sehr wichtig: Menschen leiden. Und zwar nicht nur die oft beklagten Verlierer dieses Systems, sondern auch dessen Gewinner. Sie leiden, weil sie gegen das handeln, was ihr Herz ihnen sagen würde, wenn sie die Freiheit hätten, es zu befragen. Sie haben sie nicht, weil sie eingebettet sind in ein System, das dies sofort bestrafen würde.

Ich konnte dieses Leiden unzählige Male spüren, wenn ich in den Führungsetagen mittelgroßer Unternehmen und großer Konzerne tätig war. Konnte spüren, dass Menschen hier Entscheidungen treffen, die ihren eigenen Herzen wehtun, und dass sie einen hohen Preis dafür zahlen.

Diese Beobachtungen haben mich zu der Überzeugung gebracht, dass wir einen Systemwandel brauchen. Bestimmte Systemweichen müssen neu gestellt werden, damit wir auch in unserem Wirtschaftssystem jene Werte leben können, die uns als Menschen guttun und liebenswert machen: Vertrauen, Transparenz, Kooperation, Fürsorge, Teilen und Verzeihen, um nur ein paar Beispiele zu nennen. Einen der besten Vorschläge zu einem solchen Wandel ist das Modell der Gemeinwohlökonomie, das in den letzten Jahren zu einer internationalen Bewegung herangewachsen ist, der sich auch zahlreiche Unternehmen fast jeder Größe angeschlossen haben.

Kerninstrument der Gemeinwohlökonomie ist die sogenannte Gemeinwohlbilanz, anhand derer endlich transparent und messbar gemacht werden kann, welche Unternehmen wie viel zum Gemeinwohl beitragen – und wer sich auf Kosten anderer bereichert. Sie bietet somit eine Grundlage, auf der genau jene ethisch richtigen Verhaltensweisen, die Unternehmen heute oft nur Geld kosten, erstens sichtbar gemacht und zweitens über verschiedene Anreize honoriert werden könnten. Die Transparenz bietet Kunden, Investoren und öffentlichen Einkäufern eine neue Entscheidungsbasis. Sie können schnell erkennen, welche Unternehmen ihre eigenen Werte teilen. Die finanzielle Entlastung, zum Beispiel durch Steuervorteile, wäre ein handfester Anreiz, der es Unternehmen endlich ermöglichen würde, finanziellen Erfolg und einen positiven Beitrag zum Gemeinwohl nicht mehr als Gegensätze, sondern als einander bedingende Faktoren zu erleben.

Die Erarbeitung einer Gemeinwohlbilanz ist für ein Unternehmen eine praktische Möglichkeit, sich mit den eigenen Werten auseinanderzusetzen und sichtbar zu machen, welche Beiträge zum Gemeinwohl es bereits leistet. Darüber hinaus bekommt das Unternehmen neue Impulse, wie das tägliche Tun noch stärker mit den gesellschaftlichen Leitwerten in Einklang gebracht werden kann.

Die jeweils aktuelle Version der Gemeinwohlmatrix mit einer Anleitung zum Erstellen einer Bilanz lässt sich unter www.ecogood.org herunterladen.

Danksagung

An erster Stelle möchte ich den Teilnehmern meiner Führungskräfteschulungen zum Thema emotionale und soziale Kompetenz danken, deren anhaltendes Interesse am Gefühlskompass mir erst verdeutlichte, wie relevant diese Inhalte auch im professionellen Kontext sind.

Günther Reifer und Evelyn Oberleiter vom Terra Institute danke ich für den inspirierenden Gedankenaustausch, der letztendlich dann zu dem Buch *Sustainable Companies* wurde und dessen Grundhaltung auch *Gefühle@work* geprägt hat.

Von Herzen danken möchte ich Johannes Hüger von xpand, der mir durchgehend eine wichtige Ermutigung war, sowie den Testlesern Gunnar Görke, Peter Gündling, Jörn Wiedemann und Heiner Meiswinkel. Euer kritisches Hinterfragen sowie wertschätzendes Feedback waren sehr wichtig für mich. Meinen lieben Freundinnen Barbara Stützel und Chiara Jana Greber danke ich für das Lektorat.

Quellenverzeichnis

1 https://www.uni-bonn.de/neues/331-2010, abgerufen am 31.10.2017 um 15:50 h.

2 http://www.sonoma.edu/users/s/swijtink/teaching/philosophy_101/paper1/goleman.htm, abgerufen am 10.11.2015 um 18:15 h.

3 http://eqi.org/gole.htm, abgerufen am 10.11.2015 um 18:45 h.

4 http://www.unh.edu/emotional_intelligence/ei%20What%20is%20EI/ei%20fourbranch.htm, abgerufen am 29.11.2015 um 15:16 h.

5 http://www.salon.com/1999/06/28/emotional/, abgerufen am 11.11.2015 um 9:16 h.

6 Damasio, Antonio: Descartes' Irrtum: Fühlen, Denken und das menschliche Gehirn. List Taschenbuch, Berlin, 2004.

7 http://www.paulekman.com/wp-content/uploads/2013/07/Basic-Emotions.pdf, abgerufen am 03.12.2015 um 17:47 h.

8 Goleman, Daniel: Emotional Intelligence, Why it can matter more than IQ,. Bantam Books, New York, 1995, S. 293.

9 Ekman, P.; Friesen, W. V. (1971): „Constants across cultures in the face and emotion" (PDF). Journal of Personality and Social Psychology 17: S. 124–129; doi:10.1037/h0030377. PMID 5542557.

10 http://www.paulekman.com/wp-content/uploads/2013/07/Basic-Emotions.pdf, abgerufen am 03.12.2015 um 17:47 h.

11 Grolle, Johann: Spiegel-Gespräch mit Antonio Damasio, „Auch Schnecken haben Emotionen". Der Spiegel, Ausgabe 49 vom 01.12.2003, S. 200.

12 http://www.ciompi.com/de/affektlogik.html, abgerufen am 9.12.2015 um 21:06 h.

13 Sinaceur, M.; Tiedens, L. Z.: Get mad and get more than even: When and why anger expression is effective in negotiations. Journal of Experimental and Social Psychology, 2006.

14 Van Kleef, De Dreu und Manstead: „The Interpersonal Effects of Anger and Happiness in Negotiations“. Journal of Personality and Social Psychology, 2004, Vol. 86, No. 1, S. 57–76.

15 Jehn, K. A. (1995): „A multimethod examination of the benefits and detriments of intragroup conflict“. Administrative Science Quarterly, 40: S. 256–282.

16 Glomb, T. M. (2002): „Workplace anger and aggression: Informing conceptual models with data from specific encounters“. Journal of Occupational Health Psychology, 7: S. 20–36.

17 http://www.lean-alliance.com/en/index.php?option=com_content&task=view&id=20&Itemid=33, abgerufen am 31.10.2017 um 16:41 h.

18 https://www.zukunftsinstitut.de/fileadmin/user_upload/Publikationen/Auftragsstudien/studie_generation_y_signium.pdf, abgerufen am 28.11.2016 um 13:05 h.

19 Gladwell, Malcolm: Outliers, The Story of Success. Penguin Books, London, 2008, S. 206–261.

20 http://www.sueddeutsche.de/wirtschaft/abgasskandal-und-die-folgen-nie-mehr-rumschreien-1.2693522, abgerufen am 28.11.2016 um 13:07 h.

21 Naím, Moisés: The End of Power: from boardrooms to battlefields and churches to states, why being in charge isn't what it used to be. Basic Books, Philadelphia, 2013.

22 http://brenebrown.com/, abgerufen am 28.11.2016, um 9:50 h.

23 Katzenbach, J. R.; Smith, D. K.: Teams: der Schlüssel zur Hochleistungsorganisation. Wien, 1993.

24 https://www.psychologytoday.com/basics/groupthink, abgerufen am 28.11.2016 um 9:52 h.

25 Scharmer, C. Otto: Theorie U: Von der Zukunft her führen: Presencing als Soziale Technik. Carl-Auer-Verlag, Heidelberg, 2015.

26 https://www.brandeins.de/archiv/2014/im-interesse-des-kunden/upstalsboom-hotels-bodo-janssen-wir-haben-keine-angst-mehr/, abgerufen am 30.11.2016 um 14:28 h.

27 Kotler, Philip; Hermawan Kartajaya: Die neue Dimension des Marketings: Vom Kunden zum Menschen. Campus Verlag, Frankfurt, 2010.

Der Gefühlskompass

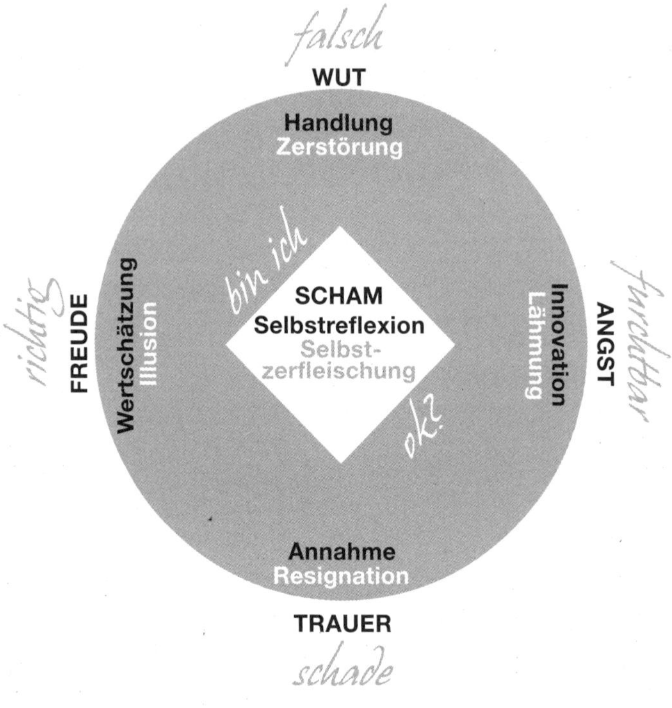

Gefühle & Emotionen

Eine Gebrauchsanweisung

Gefühle bestimmen unser Leben, ob wir wollen oder nicht. Wir investieren viel Zeit und Geld, um bestimmte Gefühle zu vermeiden und andere möglichst oft zu erfahren. Was Gefühle jedoch sind und wozu wir sie überhaupt haben, ist uns meist nicht bewusst.

Das kann sich jetzt ändern!

In einfachen, klaren Worten führt diese Gebrauchsanweisung durch unsere Gefühlswelt. Wut, Angst, Freude, Trauer oder Scham – jedes Gefühl erfüllt eine wichtige Funktion in unserem Leben. Jedes Gefühl ist eine Kraft, die gezielt eingesetzt werden möchte, wenn sie gebraucht wird.

Schritt für Schritt zeigt dieses Buch nicht nur, was Gefühle sind, sondern auch, wie wir sie bewusst erzeugen und einsetzen können. Damit Gefühle nicht mehr irrationale Empfindungswallungen sind, denen wir auf Gedeih und Verderb ausgeliefert sind, sondern positive Kräfte, mit denen wir unser Leben gestalten können.

„Das beste Buch über Gefühle, das ich kenne."

– Gerhard Rothaupt, GFK-Trainer

edition est, 224 Seiten
ISBN: 978-3940773-01-2

Kleine Gefühlskunde für Eltern

Wie Kinder emotionale & soziale Kompetenz entwickeln

Viele Eltern fühlen sich mit der Intensität der Gefühle ihrer Kinder überfordert – und auch mit den eigenen Gefühlen. Meist fehlt es an einem Verständnis der eigentlichen Funktion von Gefühlen. Dadurch wird es schwierig, Kinder in der Entfaltung ihrer emotionalen und sozialen Kompetenz zu begleiten.
Vor allem wird klar: Wir müssen vor Gefühlen keine Angst haben und sie müssen uns auch nicht wütend machen. Erst unsere Gefühle ermöglichen es uns, die Eltern zu sein, die unsere Kinder brauchen.

Die kleine Gefühlskunde bringt es auf den Punkt:

- ✓ Wofür sind Gefühle überhaupt da?
- ✓ Warum haben Kinder so viele intensive Gefühle?
- ✓ Was brauchen Kinder damit sie ihre emotionale und soziale Kompetenz gut entwickeln können?
- ✓ Wie kann ich mit meinen eigenen Gefühlen so umgehen, dass sie meine Beziehungen zu Kindern bereichern statt behindern?

„Ein zukunftsweisendes Buch für ein neues Miteinander in der Familie."

- Elternmagazin Libelle

edition est, 228 Seiten

ISBN: 978-3-940773-20-3

Weitere Informationen

Newsletter
Tragen Sie sich unter www.viviandittmar.net ein, um regelmäßig Informationen zu Veranstaltungen, Neuerscheinungen und andere Impulse rund um die Themen Gefühle, Beziehungen und Wandel zu erhalten.

Termine mit Vivian Dittmar
Informationen zu Onlinekursen, Vorträgen, Trainings und neuen Buchprojekten finden Sie auf der Internetseite www.lebensweise.net. Dort sind auch Videos, Artikel und Interviews mit Vivian zu finden.

Vorträge
Vivian ist eine inspirierende Referentin und wird gerne für Vorträge auf Kongressen und anderen Veranstaltungen engagiert. Für Anfragen verwenden Sie bitte das Kontaktformular auf www.viviandittmar.net

---

Erzählen Sie es weiter!
Als kleiner, unabhängiger Verlag können wir jede Unterstützung, die Bücher bekannt zu machen, gut gebrauchen. Wenn Ihnen das Buch gefallen hat, freuen wir uns, wenn Sie es weiterempfehlen oder eine Rezension darüber schreiben. Danke.

In-House Training und Coaching
Sie möchten gerne persönlich, als Team oder als Unternehmen auf Grundlage dieses Buches begleitet werden? Gerne empfehlen wir Ihnen einen passenden, von der Autorin ausgebildeten, Coach, Berater oder Trainer.

www.viviandittmar.net **www.lebensweise.net**

Über die Autorin

Vivian Dittmar ist Autorin, Gründerin der Be the Change-Stiftung und Impulsgeberin für kulturellen Wandel. Ihre Kindheit und Jugend auf drei Kontinenten sensibilisierte sie früh für die globalen Herausforderungen unserer Zeit und sind bis heute ihr Antrieb, ganzheitliche Lösungen zu finden.

Als Trainerin und Beraterin beim Terra Institute begleitete sie fast zehn Jahre Unternehmen in Transformationsprozessen, in deren Mittelpunkt stets die Neuausrichtung auf eine zukunftsfähige Wirtschaftsweise stand. Im Rahmen von Organisationsentwickungsprozessen führte sie zahlreiche Führungskräfte- und Mitarbeiterschulungen zu emotionaler und sozialer Kompetenz durch.

Durch ihre Bücher, Vorträge, Seminare, Onlineangebote und umsetzungsorientierte Projekte engagiert sie sich seit über zwei Jahrzehnten für eine holistische Entwicklung von Mensch, Gesellschaft, Wirtschaft und Bewusstsein. Zu ihren Bucherfolgen zählen „Gefühle & Emotionen – Eine Gebrauchsanweisung", „beziehungsweise – Beziehung kann man lernen", „Das innere Navi" und „Echter Wohlstand" – Warum sich die Investition in inneren Reichtum lohnt".

Mit Gründung der Be the Change Stiftung für kulturellen Wandel 2009 rückte die gesamtgesellschaftliche Entwicklung verstärkt in den Fokus ihrer Arbeit. Ziel der Stiftungsarbeit ist es, eine neue Definition von Wohlstand in die Nachhaltigkeitsdebatte einzubringen, die immer noch viel zu sehr von Verzichtsdenken geprägt ist. Dies geschieht einerseits durch Bildungsangebote, zum anderen durch umsetzungsorientierte Projekte wie Bäume für den Wandel, den Mitmachkonferenzen oder der Lebensweise Community.

Vivian ist Mutter von zwei erwachsenen Söhnen und lebt mit ihrer Familie in Süddeutschland.